跨流域水库群
联合调度理论研究

郭旭宁　蔡思宇
雷晓辉　蒋云钟　著

KUA LIUYU SHUIKU QUN
LIANHE DIAODU LILUN YANJIU

中国水利水电出版社
www.waterpub.com.cn

·北京·

内 容 提 要

本书围绕跨流域水库群联合调度问题，并结合辽宁省"东水西调"三线联调工程实例开展研究。全书共8章，内容包括：绪论；研究实例概况；跨流域水库群最优调水、供水过程耦合研究；跨流域水库群联合调度规则形式与提取方法研究；基于最优调水、供水过程的规则提取方法研究；基于逐步优化的跨流域复杂水库群联合调度规则建模与求解；基于二层规划模型的跨流域水库群联合调度研究；总结。

本书可供水利水电、水资源等专业的科研、规划、设计、管理人员使用，也可作为高校相关专业的参考用书。

图书在版编目（ＣＩＰ）数据

跨流域水库群联合调度理论研究 / 郭旭宁等著. --
北京 ： 中国水利水电出版社，2019.10
ISBN 978-7-5170-7999-6

Ⅰ．①跨… Ⅱ．①郭… Ⅲ．①跨流域引水－并联水库
－水库调度－研究 Ⅳ．①TV697.1

中国版本图书馆CIP数据核字(2019)第205645号

书　　　名	**跨流域水库群联合调度理论研究** KUA LIUYU SHUIKU QUN LIANHE DIAODU LILUN YANJIU
作　　　者	郭旭宁　蔡思宇　雷晓辉　蒋云钟　著
出 版 发 行	中国水利水电出版社 （北京市海淀区玉渊潭南路 1 号 D 座　100038） 网址：www. waterpub. com. cn E - mail：sales@waterpub. com. cn 电话：（010）68367658（营销中心）
经　　　售	北京科水图书销售中心（零售） 电话：（010）88383994、63202643、68545874 全国各地新华书店和相关出版物销售网点
排　　　版	中国水利水电出版社微机排版中心
印　　　刷	天津嘉恒印务有限公司
规　　　格	184mm×260mm　16 开本　8.5 印张　176 千字
版　　　次	2019 年 10 月第 1 版　2019 年 10 月第 1 次印刷
定　　　价	**78.00 元**

前言
FOREWORD

本书主要针对水资源系统的具体结构特征，建立了相应的调度理论体系，对于水利工程设施的规划管理和工程效益的最大发挥具有重要意义。跨流域调水作为水资源配置的重要工程措施在解决水资源时空分配不均问题中发挥了重要作用。跨流域水库群联合调度对于充分发挥调、蓄水工程的水文补偿和库容补偿效益具有重要作用，良好的调度规则是实现水库效益最大化的基本保证。跨流域调水系统中水库群联合优化调度问题较之一般水库群联合调度问题更为复杂。其复杂性具体表现为：在跨流域水库群联合供水调度中，除了要解决一般水库群联合供水调度问题中存在的供水决策制定和共同供水任务分配的问题外，还要解决跨流域调水行为启动标准、调出水量在水源水库间的分配和调入水量在受水水库间的分配问题等。

本书围绕跨流域水库群联合调度问题，以辽宁省"东水西调"三线联调项目为实例开展理论研究：通过对水资源调度理论进行概述及跨流域调水及水库群联合调度现状进行介绍；在明确跨流域水库群联合调度决策制定过程特点的基础上，采用0-1规划方法确定水库群最优调水、供水过程；对水库群联合调度规则与提取方法进行总结分析，为跨流域水库群联合调度规则研究奠定基础；基于跨流域水库群最优调水、供水过程，提出了提取跨流域水库群联合调度规则的集对分析新方法，通过提高水库最优调度决策与待定调度决策间的联系度，优化确定跨流域水库群调水规则和供水规则；采用模拟—优化模式，构建同时考虑跨流域调水、供水的复杂水库群联合优化调度模型，提出了一种借鉴逐步优化算法思想的逐库优化粒子群算法，逐步优化单个或两个水库的调度规则，以降低单次优化变量的维数，从而提高其搜索全局最优解的能力；针对跨流域供水水库群联合调度问题存在的主从递阶结构，提出了调水、供水规则相结合的跨流域供水水库群联合调度规则，建立了确定水库群调水、供水规则的二层规划模型，采用并行种群混合进化的粒子群算法对调水控制线和供水调度图进行分层优化，最终得到满足上、下层决策要求的跨流域供水水库群联合调度规则。

本书主要创新点如下：

（1）跨流域水库群联合调度最优化过程耦合研究。水库群调水过程和供水过程间存在相互作用机制，它们共同影响水资源的时空配置效果，所以跨流域水库群联合调度需要将两者统一考虑。本书建立基于 0－1 规划方法的水库群最优调度模型，统一考虑并最终确定水库群最优调水、供水过程。

（2）跨流域水库群联合调度规则形式与提取方法分析。获取合理的水库群联合调度规则，一方面要保证调度规则是合理的，另一方面是规则确定之后采用的规则提取方法应是有效的。前者是确定合理调度规则的先要条件，后者是提取最优调度规则的重要手段。基于此，本书围绕水库群调度规则形式，对水库群联合供水调度规则的相关研究进行综述分析，以加强人们对调度规则形式的重视，并促进水库群联合调度研究在该方向的发展；对不同联合调度规则提取方法进行评述，对水库群联合调度规则提取方法进行总结分析，并对其最新研究进展进行评述，为后续有关跨流域水库群联合调度规则的研究奠定基础。

（3）基于最优调水、供水过程的联合调度规则提取方法研究。对规则提取方法的研究主要从两方面展开：一是采用模拟与优化模型结合的模式，通过建立完善的模拟模型对水库群的联合调度运行过程进行准确描述，再与新型演化算法结合，用来分析调度规则产生的调度效果，评价调度规则的优劣；二是采用集对分析方法从跨流域水库群最优调水、供水过程中提取调度规则，再通过模拟模型对调度规则效果进行评价，对规则进行局部修正，从而达到满意效果。

（4）基于逐步优化的跨流域复杂水库群联合调度规则建模与求解。以供水调度图和调水控制线为联合调度规则，构建同时考虑跨流域调水和供水的复杂水库群联合优化调度模型，添加考虑供水调度图先验形状特征的形状约束，提出一种借鉴逐步优化算法（POA）思想的逐库优化粒子群算法（PRA－PSO）。

（5）基于二层规划模型的跨流域水库群联合调度研究。针对跨流域水库群联合调度存在的主从递阶结构，提出了调水规则和供水规则相结合的跨流域水库群联合调度规则，建立了适合主从递阶结构的水库群联合调度二层规划模型，它由上层调水模型和下层供水模型构成，采用并行种群混合进化的粒子群算法对模型进行求解。

本书是在"十二五"国家科技支撑计划项目（2013BAB05B05）、国家重点基础研究发展计划 973 项目（2013CB36406）、国家自然科学基金项目（51409282，51339004）、中国博士后基金面上项目（2014M550772）、中国博士后基金特别资助项目（2015T80108）、水利部公益性行业科研专项项目（201301001，201301102）的资助下完成的。

限于本书作者水平，书中不妥之处诚请广大读者批评指正。

作者

2019 年 10 月

目 录
CONTENTS

前言

第1章 绪论 …………………………………………………………… 1

1.1 研究背景及意义 ………………………………………………… 3

1.2 研究概况 ………………………………………………………… 4

1.3 研究内容 ………………………………………………………… 6

第2章 研究实例概况 ………………………………………………… 9

2.1 区域概况 ………………………………………………………… 11

2.2 水网系统 ………………………………………………………… 12

2.3 基础资料 ………………………………………………………… 19

第3章 跨流域水库群最优调水、供水过程耦合研究 ……………… 23

3.1 问题描述 ………………………………………………………… 26

3.2 模型构建 ………………………………………………………… 29

3.3 模型求解 ………………………………………………………… 31

3.4 实例应用 ………………………………………………………… 33

3.5 本章小结 ………………………………………………………… 38

第4章 跨流域水库群联合调度规则形式与提取方法研究 ………… 41

4.1 水库群联合调度规则形式 ……………………………………… 43

4.2 水库群联合调度规则提取方法 ………………………………… 49

4.3 本章小结 ………………………………………………………… 55

第5章 基于最优调水、供水过程的规则提取方法研究 …………… 57

5.1 规则提取的集对分析方法原理 ………………………………… 60

5.2 实例应用 ………………………………………………………… 68

5.3 本章小结 ………………………………………………………… 73

第6章 基于逐步优化的跨流域复杂水库群联合调度规则建模与求解 … 75

6.1 跨流域调水、供水联合优化调度规则与模型 ………………… 77

6.2 求解算法 ………………………………………………………… 80

6.3　实例应用 ………………………………………………………… 81

6.4　本章小结 ………………………………………………………… 94

第 7 章　基于二层规划模型的跨流域水库群联合调度研究 ………… 95

7.1　确定水库群调水、供水规则的二层规划模型 ……………………… 98

7.2　实例应用 ………………………………………………………… 102

7.3　本章小结 ………………………………………………………… 113

第 8 章　总结 …………………………………………………………… 115

8.1　结论 ……………………………………………………………… 117

8.2　展望 ……………………………………………………………… 118

参考文献 ………………………………………………………………… 119

第 1 章

绪 论

1.1 研究背景及意义

水是生命之源，生产之要，生态之基。我国水资源时空分布不均，与经济社会发展布局不相匹配，一些地区水资源承载能力和调配能力不足。为了解决不同时空格局上的水资源供需矛盾，贯彻落实 2011 年中央 1 号文件和中央水利工作会议关于"尽快建设一批河湖水系连通工程，提高水资源调控水平和供水保障能力"的要求，2013 年 11 月水利部印发了《关于加快推进江河湖库水系连通工作的指导意见》，加强对江河湖库水系连通工作的指导，大力推进连通工作。修建跨流域调水工程，将水资源丰富流域的水调到水资源紧缺的流域，实现地区间水量盈亏调剂，是满足缺水地区水资源需求的重要措施之一。

经过长期的治水实践，特别是 1949 年以来大规模的水利建设，目前部分流域和区域已初步形成了以自然水系为主、人工水系为辅，具有一定调控能力的江河湖库水系，构成了纵横交错的水网格局。其中：国家层面上以重要控制性水库为中枢，依托南水北调等重大跨流域调水工程，逐步形成"四横三纵、南北调配、东西互济"的江河湖库水系连通总体格局；区域层面上以国家骨干连通工程为依托，以区域内水库、湖泊为调蓄中枢，通过建设必要的跨流域调水工程，形成了"互连互通、相互调剂"的区域层面跨流域调、供水网。例如，山东省现代水网、山西省大水网、海南省水网体系以及辽宁省"三横七纵"的跨流域调、供水网工程建设。

其中，辽宁省水资源分布格局与经济发展布局极不匹配，省内水资源东多西少，东部地区人均水资源量是西部地区的 7.6 倍。辽宁省结合区域内的河流水系分布和已建及规划的水利工程布局，按照三大区域发展战略的总体布局要求，以辽宁省北、中、南三条调水线路为骨干，以天然河道和连通工程、输水工程、配套工程为通道，构建辽宁省"三横七纵"的大水网，形成东水西济的水资源总体配置格局。依托已建和拟建的大型控制性骨干水库 14 座，总兴利库容达到 82.04 亿 m^3，横穿辽宁省内的大中型河流 10 余条，涉及的城市、农业以及生态供水和补水范围相当大，基本覆盖了辽宁省全境。鉴于辽宁省东水西调工程具有典型性和代表性，本书以此为工程背景开展跨流域水库群联合调度若干问题的相关研究工作。

跨流域调水工程中水库群的联合调度对于水资源时空配置效果和水利工程效益的发挥具有重要作用。需要注意的是，跨流域调水工程中水库群联合调度问题比一般水库群联合调度问题复杂得多。对于一般水库群联合调度问题，常采用动态规划方法确定水库最优调度运行过程，但对于跨流域水库群联合调度问题，不仅水库数目众多带来的"维数灾"给问题求解带来困难，而且跨流域调水问题中水库调水、供水过程相互影响难以统一考虑，使问题更加复杂。跨流域调水水库群最优调水、供水过程的确定，不仅可为水库群调度规则及相应调度过程的评价提供参考，而且可为水库群调度规则的随机优化提取方法提供数据源。受流域水文特性和人类活动影响，跨流域调水工程水源区和受水区常表现出不同的丰枯变化特征。水源区和受水区的丰枯变化与跨流域调水工程的调度运行息息相关，表现为水源区丰枯变化影响工程可调水量，受水区丰枯变化影响需调水量。随着我国江河湖库水系连通工作的推进和水网化程度的提高，跨流域调水工程中水库群联合调度问题变得越来越重要。但目前求解该问题的模型方法和相关理论还不成熟，本书将对跨流域调水水库最优调水、供水过程，规则提取方法，模型构建与求解以及跨流域水库群丰枯遭遇分析及调度运行评价等若干问题开展研究工作，具有重要的理论与实践意义。

1.2 研究概况

1.2.1 跨流域调水系统概述

水资源分布不均匀性与人类社会需水不均衡性的客观存在使得调水成为必然。跨流域调水工程是结构复杂、多水源、多地区、多目标、多用途的高维复杂系统。跨流域调水一般属于战略性工程，其输水距离远，涉及范围广，跨越不同的流域和地区，影响其经济效益的因素较为复杂，涉及社会、经济、政治、技术等许多方面。

跨流域调水系统一般包括调水区、受水区和水量通过区三部分。调水区是指水量丰富、可供外部其他流域调用的富水流域和地区；受水区是指水量严重短缺、急需从外部其他流域调水补给的干旱流域和地区；沟通调水区和受水区的地区范围即为水量通过区。水量通过区域不同调水系统，常常既是调水区又是受水区。所以，有时把跨流域调水系统直接分为工程调水区和受水区两部分。从工程设施角度考虑，跨流域调水系统一般包括水源工程（如蓄水、引水、提水等工程），输配水设施（渠道或管道、隧洞和河道等），渠系建筑物（如交叉、节制和分水等建筑物）以及受水区内的蓄水、引水、提水等设施。

1.2.2 国内外跨流域调水工程现状

国外调水工程的发展历史悠久。4000 多年以前世界上就有了调水工程，如埃及引尼罗河水灌溉沿岸土地等。19 世纪中叶以后，国外开始大量兴建跨流域调水工程。1842—1904 年美国对克洛顿河进行开发利用，引水至城市以供水；美国西部也兴建了欧文河谷—莫诺湖工程（1913—1970 年）、科罗拉多河向加州南部沿海地区调水工程（1928 年）、中央河谷工程（1935 年）和加州水利工程（1957 年）等。据不完全统计，世界上已建、在建和拟建的大规模、长距离跨流域调水工程达 160 多项，分布在 24 个国家。较著名的有巴基斯坦的西水东调工程、美国的加州水利工程、澳大利亚的雪山调水工程等。国外跨流域调水工程重视多目标开发和工程运行管理，政府高度重视并实行优惠的投资政策，有法律保障。这些工程运行多年，取得了巨大的经济效益和社会效益，这些效益的取得得益于合理的前期规划、完善的法律系统和行之有效的管理体系。

我国最早的跨流域调水工程通常以通水、灌溉为主要目标。如有明确记载的人工运河是公元前 486 年挖的长江和淮河间的邗沟及公元前 246 年起兴建的郑国渠。至中华人民共和国成立初期，我国已建的调水工程仍多以农业灌溉为主要目标。20 世纪 70 年代以后，随着经济社会的发展，城市用水需求显著增加，水资源供需矛盾日益突出，80 年代起陆续建设了一批以解决城市缺水为主要目标的调水工程。如广东东深引水工程、引滦入津工程、山东省的引黄济青工程、辽宁省的引碧入连工程、山西省的万家寨引黄入晋工程等，主要目标均为城市供水，城市供水工程成为我国跨流域调水工程的一大特色。目前，全国正在规划建设或新近通水的大型跨流域调水工程有南水北调东、中、西线工程，新疆的引额济克（乌）工程和陕西的引汉济渭工程等。南水北调工程建成之后将刷新多项世界之最，规模最大、输水线路最长、受益人口最多等。南水北调东、中、西三条调水线路，是解决我国北方地区水资源短缺问题的重大战略举措，是实现我国水资源南北调配、东西互济，构筑我国黄、淮、海河流域乃至整个北方地区经济社会可持续发展的水资源保障体系的有效途径，通过三条调水线路与长江、黄河、淮河和海河四大河系的联系，构成以"四横三纵"为主体的水资源调配总体布局。

1.2.3 跨流域调水及水库群联合调度研究现状

作为水资源配置的工程措施，跨流域调水在解决水资源时空分配不均问题中发挥了重要作用，跨流域水库群联合调度对发挥调水工程的效益至关重要。目前，国内外学者已经对跨流域调水问题做了一些研究。Dosi 和 Moretto 分析了调水风险与调水水库蓄水能力之间的关系，认为未来可调水量的不确定性越高，需要水库的调节能力越大。Jain 等从流域间水量供需平衡的角度，对印度某一跨流域水库群系统进行了规划分析。Matete 和 Hassan 提出了一种考虑生态环境和经济发展影响的跨流域调水方案分析框架。Carvalho 等采用一种策略选择方法，解决巴西两个流域的调水纠纷问题。Li 等提出了一种具有模糊识别功能的优化方法，用于评价跨流域调水工程中的供水决策方案。Sadegh 等提出了一种基于模糊博弈的跨流域调水水量优化分配方法。Bonacci 等研究了跨流域调水工程和水库兴建对河流径流过程的影响，这为跨流域调水工程的环境影响评价提供了重要参考。Xi 等建立了一种考虑降水预报信息的跨流域调、供水优化调度与风险分析模型。Chen 和 Chang 采用模糊算子分析了跨流域调水工程中水资源在两个流域间进行分配时决策制定的复杂性。Guo 等建立了适合主从递阶结构的跨流域调水水库群联合调度二层规划模型，实例研究证明了模型的合理性和有效性。

在国内，方淑秀等以引滦工程为例，研究跨流域引水工程中多水库联合供水的优化调度问题。沈佩君等针对南水北调东线一期工程，建立了以自优化模拟技术为主体的水库群混合模拟规划模型。郭元裕等提出了南水北调工程规划调度决策的多种分析方法，确定了南水北调东线和中线工程的调水规模与工程调度规则等。邵东国以南水北调东线工程为例，建立了求解跨流域调水水量优化调配问题的自优化模拟模型。沈佩君等系统总结了国内外跨流域调水工程建设的历史与现状，分析了这类工程研究与建设的特点与前景。卢华友等研究了跨流域调水工程实时优化调度的特点、方法和步骤，建立了基于多维动态规划和模拟技术相结合的大系统分解协调实时调度模型。王劲峰等提出了区际调水的三维优化分配理论模型体系。赵勇等建立了南水北调东线水量调配模型，进行了水量调配计算和仿真试验分析，并运用系统仿真理论建立了南水北调东线工程的水量调配仿真系统和水量调度模型。冯耀龙等提出了跨流域调水的基本原则，通过模糊数学方法建立了评价各原则实现程度的隶属函数。游进军等分析了跨流域调水工程中本地水资源和外调水量之间的联合调配方式。江燕等为确定引哈济锡调水工程规模，建立了以供水量最大、缺水量和弃水量最小为目标，以逐月的调水量和供水量为决策变量的多库多目标调水工程规模优选模型。王国利等分析了调水方案决策的多目标性和群决策性特点，提出了基于协商对策的多目标群决策模型。郭旭宁等提出了调水规则和供水规则相结合的跨流域供水水库群联合调度规则。

1.3 研究内容

本书在系统总结已有研究成果的基础上，针对我国江河湖库水系连通工作开展的实践需要，对跨流域调水工程中水库群联合调度若干问题开展研究，并以辽宁省"东水西调"跨流域调水工程为基础开展应用研究。

1.3.1 跨流域水库群联合调度最优调水、供水过程耦合研究

水库群调水过程和供水过程间存在相互作用机制，它们共同影响水资源的时空配置效果，因此跨流域调水水库群联合调度中需要将两者统一考虑。对于调水决策，可以分为调水和不调水两类，调水时按照调水能力进行调水。那么，调水问题可以采用 0—1 整数规划模型进行描述。对于供水问题，供水规则常用调度图表示，当水库蓄水状态处于某一调度区时就按相应的调度规则进行供水。水库蓄水状态是否落在某一调度区，也可以用 0—1 规划方法表示。因此，本书拟建立基于 0—1 规划方法的水库群最优调度模型，统一考虑并最终确定水库群最优调水、供水过程，分析其最大调供水能力，便于对工程运行水平进行评价并为联合调度规则的提取提供最优化过程参考。

1.3.2 跨流域水库群联合调度规则形式与提取方法研究

获取合理的跨流域水库群联合调度规则，一方面要保证调度规则是合理的，另一方面是规则确定之后采用的提取方法是有效的。前者是确定合理调度规则的先要条件，后者是提取最优调度规则的重要手段。本书围绕库群调度规则，对水库群联合调度规则的相关研究进展进行综述分析，以加强人们对调度规则的重视，并促进水库群联合调度研究在该方向的发展。然后，基于不同规则的联合调度规则提取方法进行述评，以水库群联合调度规则提取方法的发展历程为主线，对水库群联合调度规则提取方法进行总结分析，对其最新研究进展进行评述，为后续有关跨流域水库群联合调度规则的研究奠定基础。

1.3.3 基于最优调水、供水过程的规则提取方法研究

跨流域水库群联合调度问题与一般水库群联合调度问题的区别是从决策需求的角度给出具备相应功能的对应规则，规则集合元素包括供水规则、分水规则、调水规则和配水规则等。要获取最优联合调度规则，合理的规则形式是先要条件。本书通过对规则形式进行设计，对规则提取方法的研究主要从两方面展开：一是采用模拟与优化模型结合的模式，通过建立完善的模拟模型对跨流域水库群的调度运行过程进行准确描述，再与新型演化算法结合，分析调度规则产生的调度效果，评价调度规则形式的优劣；二是采用集对分析方法从跨流域水库群最优调水、供水过程中提取调度规则，再通过模拟模型对规则效果进行评价，对规则进行局部修正，从而达到满意效果。

1.3.4 基于逐步优化的跨流域复杂水库群联合调度规则建模与求解

以供水调度图和调水控制线为联合调度规则，构建同时考虑跨流域调水和供水的复杂水库群联合优化调度模型，添加考虑供水调度图先验形状特征的形状约束，提出一种借鉴逐步优化算法（POA）思想的逐库优化粒子群算法（PRA - PSO）。该算法以基本粒子群算法优化原理为基础，逐步优化单个或两个水库的调度规则，以降低单次优化变量的维数，从而提高其搜索全局最优解的能力。

1.3.5 基于二层规划模型的跨流域水库群联合调度研究

针对跨流域水库群联合调度存在的主从递阶结构，提出了调水规则和供水规则相结合的跨流域水库群联合调度规则。其中，调水规则由一组基于各水库蓄水量的调水控制线表示，根据其相对位置关系，决定是否调水、调水量如何分配等；供水规则用各水库供水调度图表示，对应于不同用水户的限制供水线将水库的兴利库容分为若干调度区。建立了适合主从递阶结构的水库群联合调度二层规划模型，它由上层调水模型和下层供水模型构成，采用并行种群混合进化的粒子群算法对模型进行求解。我国北方某大型跨流域调水工程的实例研究证明了模型的合理性和有效性。

第 2 章

研 究 实 例 概 况

2.1 区域概况

2.1.1 自然地理

辽宁省位于我国东北部中纬度地区，属温带半湿润和半干旱的季风气候区，为明显的大陆性气候。全省气候特征主要为四季分明、雨热同季、日照丰富、干燥多风。辽宁省多年平均水资源总量341.79亿m^3，人均水资源量804m^3，为全国平均值的1/3，属资源型缺水地区。辽宁省总体地貌结构大体为"六山一水三分田"，地势自北向南、自东西两侧向中部倾斜，山地丘陵大致分列于东西两侧，中部为广阔的辽河平原。

受地形和气候影响，辽宁省水资源时空分布不均，东部地区人均水资源量为2995m^3，而西北部地区不足500m^3，中部和南部地区仅在600m^3左右；地表径流量年际变化大，东部径流变差系数为0.35~0.55，中、西部为0.7~0.8；降水量年内分配极不均匀，汛期6—9月占全年径流量的60%~80%。现状水资源开发利用极不均衡，中部地区达60%以上，西部和南部达40%以上，东部仅为10%左右。

2.1.2 社会经济

2010年，辽宁"东水西调"三线联调区域总人口为2981.92万人，占全省人口的68.16%，其中城镇人口1886.92万人，农村人口1095.00万人，城镇化率为63.3%；区域国内生产总值为11910.94亿元，占全省国民生产总值的64.53%，其中第一产业增加值868.63亿元，第二产业增加值6574.74亿元（工业增加值5816.64亿元，建筑业增加值758.10亿元），第三产业增加值4467.57亿元；区域总耕地面积4322.66万亩，占全省的70.54%；区域农业实际灌溉面积1484.49万亩，占全省的82.99%。

根据辽宁省区域经济发展的总体布局，未来辽宁省将着力建设沈阳经济区、辽宁沿海经济带、LXB地区三大战略发展区域。辽宁省"东水西调"三线联调工程为保障三大区域经济社会的协调、可持续发展，从水资源优化配置和可持续利用方面提供支持。目前，辽宁省各区域之间发展较不均衡，其中沈阳经济区和辽宁沿海经济带人均GDP接近江苏、广东等发达地区，经济较发达；而LXB地区人均 GDP 接近湖南、海南等欠发达地区，经济较落后，地区之间人均 GDP 差距达到 5 倍。

未来，通过实施突破 LXB 战略，要实现该区域"三年见成效，五年大变样"，即：经过三年努力，LXB 地区经济社会发展取得显著成效；经过五年努力，LXB 地区经济社会发展实现重大突破。到 2030 年，全面实现小康社会目标。到 2040 年达到或接近中等发达国家经济发展水平。

2.2　水网系统

2.2.1　基本情况

辽宁省"东水西调"北中南三线跨流域调水系统（简称"辽宁省三线联调系统"）基于天然水系与人工调水渠道构成的"三横七纵"大水网，贯穿辽宁省内的 10 条河流，主要依托辽宁省内的 8 项大型跨流域输水工程（连通工程），利用系统中的 14 座骨干水库工程，实现三线系统联合调度。

1. 北线联调系统

北线联调系统以北线输水工程（在建）和桓仁、清河、柴河、白石、青山（在建）、锦凌（在建）6 座骨干蓄水水库为核心，涉及辽河、大凌河、小凌河及六股河等河流。解决西北部及中部地区铁岭、沈阳、阜新、朝阳、锦州、葫芦岛 6 市的生活、生产、生态用水需求。

2. 中线联调系统

中线联调系统以大伙房水库输水一期、二期工程和大伙房、观音阁、汤河、葠窝 4 座骨干蓄水水库为核心，涉及浑河、太子河 2 条河流。解决中部和南部地区本溪、抚顺、沈阳、鞍山、辽阳、盘锦、营口 7 市的生活、生产、生态用水需求。

3. 南线联调系统

南线联调系统以引碧入连工程、引英入连工程、大伙房水库输水应急入连工程、南线供水工程和碧流河、英那河、张家堡（规划）、龙湾（规划）4 座骨干蓄水水库为核心，涉及碧流河、英那河等河流。解决南部地区大连市的生活、生产、生态用水需求。

2.2.2　主要河流

1. 辽河

辽河发源于河北省七老图山脉之光头山,流经河北、内蒙古、吉林、辽宁四省(自治区),至盘山入渤海,流域总面积21.96万 km²(辽宁省境内面积3.71万 km²),全长1345km,省内主要支流有招苏台河、清河、柴河、范河、养息牧河、柳河、绕阳河等。

2. 大凌河

大凌河是辽宁省西部较大河流之一,发源于建昌县的水泉沟,流经朝阳、北票、义县,于凌海注入渤海,流域面积为2.38万 km²(辽宁境内面积为2.00万 km²),河长435km。主要支流有大凌河西支、第二牤牛河、老虎山河、牤牛河、凉水河子河、十家子河、细河等。

3. 小凌河

小凌河位于辽宁省西部,发源于朝阳西南的助安喀喇山,流经朝阳、连山、凌海、锦州,于凌海注入渤海。流域面积0.52万 km²,河长206km,主要支流有大四家子河、北小河、女儿河、百股河等。

4. 六股河

六股河位于辽宁省西部,发源于建昌县篓子山,流经兴城市、绥中县,于小庄子乡注入渤海。流域面积0.30万 km²,河长为158km,主要支流有黑水河、王宝河等。

5. 浑河

浑河位于辽宁省中部,发源于清原县长白山支脉滚马岭,流经抚顺、沈阳、辽阳、鞍山,至三岔河与太子河汇合入大辽河,蜿蜒南下至营口入渤海。全流域控制面积1.15万 km²,河长415km,主要支流有英额河、苏子河、社河、章党河、东州河、蒲河等。

6. 太子河

太子河位于辽宁省中部,发源于新宾县大红石砬子,流经本溪、辽阳、鞍山,至三岔河与浑河汇合后汇入大辽河,蜿蜒南下至营口入渤海。太子河流域面积1.39万

km²，河长 413km，主要支流有细河、兰河、汤河、南沙河、柳壕河、北沙河、运粮河、杨柳河、五道河、海城河等。

7. 碧流河

碧流河发源于盖州市的七盘山，于谢家屯附近注入黄海。碧流河位于辽宁省南部，流域面积 0.28 万 km²，河长 165km，主要支流有太平庄河、卧龙泉河、响水河、田家屯河、横道河、夹河、中山河、吊桥河等。

8. 英那河

英那河发源于鞍山市岫岩县龙潭乡老北沟，流经庄河市，于小孤山镇蔡家村入黄海。英那河位于辽宁省南部，流域面积 0.10 万 km²，河长 94.9km，主要支流有沙河。

2.2.3　调水工程

辽宁省北中南三线联调系统主要依托辽宁省内 8 项大型跨流域输水工程（连通工程），各调水工程概况如下。

1. 北线输水一期工程

北线输水一期工程由水源工程和输水工程组成。工程包括取水首部、输水隧洞及出口建筑物，初拟设计输水流量 70m³/s，输水工程为桓仁—清河—白石段。中途分设分水闸、配水站及分水口，分别向清河水库、南城子水库、调兵山、康法、彰武、阜新配水，向黑山、北镇分水，输水线路终点为白石水库出口。

2. 北线输水二期工程

北线输水二期工程是北线输水一期工程的延续工程，在原有工程的基础上，扩展为桓仁、柴河、清河、白石、锦凌和青山六大供水子系统，主要供水对象包括城市生活与工业用水、农村饮水安全用水、重要湿地及河口生态补水。

3. 大伙房水库输水一期工程

大伙房水库输水一期工程由凤河水库经 85.31km 长的输水隧洞输水至苏子河穆家电站的下游，汇入浑河后入大伙房水库的水源工程。工程设计输水流量 70m³/s，最大输水能力为 77m³/s，设计输水规模为 17.88 亿 m³。

4. 大伙房水库输水二期工程

大伙房水库输水二期工程包括大伙房水库输水一期工程配套的输水管线、加压泵站等工程。工程从大伙房水库南岸取水，经过 27.47km 长的输水洞段至六家子，途径东洲河，从抚顺市的南部跨过，通过输水管道输水至沈阳配水站、辽阳配水站、鞍山配水站、营盘配水站。本工程输水线路总长 258.84km，其中管道线路长 231.37km。分一步工程和二步工程，一步供水工程设计供水规模为 11.96 亿 m^3，扣除输水损失后，到 6 市配水口的水量为 11.66 亿 m^3。

5. 大伙房输水应急入连工程

大伙房输水应急入连工程是由大伙房输水二期工程鞍山加压泵站开始，铺设一条 167.67km 的输水管线，将水调入碧流河水库，经碧流河水库调节后，其中一部分水量利用引碧三期管道富余能力经洼子店水库调节后送往大连市区，另一部分水量经输水管线送往东风水库坝下，为瓦房店及长兴岛供水。大伙房输水应急入连工程的设计供水能力为 3.0 亿 m^3，该工程已于 2008 年开工建设，并于 2014 年建成通水。

6. 引碧入连三期工程

引碧入连三期工程于 1997 年 11 月建成，是在碧流河水库和洼子店水库之间修建一条长 68km 的输水暗渠，通过暗渠将碧流河水库水引流到洼子店水库，总干渠输水规模首部为 130 万 m^3/d，尾部为 120 万 m^3/d。引碧入连供水工程是工、农业合用输水工程，总干渠上共设 6 个分水口，为沿线乡镇供水。

7. 引英入连供水工程

引英入连供水工程通过英那河水库和转角楼水库联合调度向金州以南地区供水 2 亿 m^3。英那河泵站、受水池和一期输水工程于 2001 年 5 月建成，英那河水经一级加压送到洼子店水库，管线设计输水能力为 33 万 m^3/d。引英入连二期输水工程于 2004 年 6 月末建成，设计输水能力为 33 万 m^3/d。

8. 南线供水工程

南线供水工程新建张家堡水库和龙湾水库，两库通过隧洞连接，再从龙湾水库通过输水隧洞将水输送到英那河水库。

2.2.4 联调骨干工程

辽宁北中南三线联调系统利用 14 个骨干水库实现联合调度。其中，北线联调系统中涉及联合调度的骨干水库工程包括调出水库 1 座，即桓仁水库；受水水库 5 座，包括柴河水库、清河水库、白石水库、锦凌水库和青山水库。中线联调系统涉及联合调度的骨干水库工程包括大伙房水库、观音阁水库、葠窝水库和汤河水库。南线联调系统涉及联合调度的骨干水库工程包括龙湾水库、张家堡水库、英那河水库和碧流河水库。辽宁三线联调系统骨干水库工程具体情况如下，特征参数见表 2-1。

表 2-1　　　　　　　　辽宁三线联调系统骨干水库工程参数

水库名称	控制流域面积 /km²	防洪限制水位 /m	总库容 /亿 m³	正常蓄水位 /m	正常库容 /亿 m³	死水位 /m	死库容 /亿 m³	建设情况
桓仁水库	10364	301.14	34.62	301.14	22.00	291.14	5.8	已建
清河水库	2376	127.00	9.71	131.00	6.30	109.70	0.57	已建
柴河水库	1355	104.00	6.14	108.00	3.52	84.00	0.16	已建
白石水库	17649	125.60	13.38	127.00	7.10	108.00	0.85	已建
锦凌水库	3029	59.60	7.91	60.00	6.60	41.00	0.28	规划
青山水库	1650	85.70	6.61	85.70	3.25	68.00	0.22	规划
大伙房水库	5437	126.40	22.68	131.50	17.78	108.00	1.41	已建
观音阁水库	2795	255.20	21.68	255.20	14.20	207.70	0.35	已建
葠窝水库	6175	86.20	7.91	96.60	5.43	74.70	0.10	已建
汤河水库	1228	107.86	6.26	109.36	3.95	82.26	0.26	已建
龙湾水库	857	126.00	3.77	127.50	3.72	98.85	0.19	规划
张家堡水库	610	147.30	2.74	149.00	2.74	120.06	0.15	规划
碧流河水库	2085	68.10	9.34	69.00	7.14	47.00	0.70	已建
英那河水库	692	79.10	2.87	79.10	2.42	59.50	0.23	已建

1. 桓仁水库

桓仁水库位于桓河县城附近，控制流域面积 10364km²。水库总库容 34.62 亿 m³，兴利库容 8.20 亿 m³，正常蓄水位 301.14m，死水位 291.14m，为不完全年调节水库。水库的主要任务是发电，兼顾防洪、灌溉、养殖等综合利用。

2. 清河水库

清河水库位于辽宁省铁岭市清河区，辽河中游左岸一级支流清河干流下游，控制流域面积 2376km²，水库总库容为 9.71 亿 m³，兴利库容 5.74 亿 m³，正常蓄水位 131.00m，汛期限制水位 127.00m，死水位 109.70m，死库容 0.57 亿 m³。水库任务以农业灌溉、防洪为主，兼顾工业供水、养殖、旅游等综合利用。

3. 柴河水库

柴河水库位于辽宁省铁岭市东 12km 处的熊官屯乡大白梨沟村，水库控制流域面积 1355km²，总库容 6.14 亿 m³，兴利库容 3.36 亿 m³，正常蓄水位 108.00m，防洪限制水位 104.00m，死水位 84.00m，死库容 0.16 亿 m³，为多年调节水库。水库任务以防洪、灌溉、工业和城市供水为主，兼顾发电、养殖等综合利用。

4. 白石水库

白石水库位于辽宁省北票市白石硐村大凌河干流上，控制流域面积为 17649km²，占大凌河流域总面积的 76%。水库总库容 13.38 亿 m³，兴利库容 6.25 亿 m³，水库正常蓄水位 127.00m，防洪限制水位 125.60m，死水位 108.00m，死库容 0.85 亿 m³。水库任务以防洪、灌溉、城市供水为主，兼顾发电、养殖等综合利用。

5. 锦凌水库

锦凌水库工程位于锦州市境内的小凌河干流上，坝址位于锦州市近郊区的后山河营子村，距锦州市 9.5km，水库控制流域面积 3029km²，占流域总面积的 58.8%。水库总库容 7.91 亿 m³，兴利库容 5.30 亿 m³，死库容 0.28 亿 m³。水库正常蓄水位为 60.00m，防洪限制水位 59.60m，死水位 41.00m。水库建设任务是以防洪、城市供水为主，兼顾改善地下水环境等综合利用。

6. 青山水库

青山水库枢纽位于六股河干流中游，坝址位于葫芦岛市绥中县西台村，坝址以上控制流域面积 1650km²，占六股河流域面积的 54%。青山水库总库容 6.61 亿 m³，调节库容 3.06 亿 m³，为大（2）型水库，Ⅱ等工程，水库正常蓄水位 85.70m，死水位 68.00m。水库任务以城市供水、防洪为主，兼顾改善流域下游农业供水条件以及生态环境等综合利用。

7. 大伙房水库

大伙房水库坐落在抚顺市东郊，位于辽宁东部地区的浑河的中上游，水库控制流域面积 5437km²，占浑河全流域面积的 47.4%。水库总库容 22.68 亿 m³，兴利库容 12.95 亿 m³，水库正常蓄水位 131.50m，防洪限制水位 126.40m，死水位 108.00m。水库任务以防洪、灌溉、城市供水为主，兼顾发电、养殖、旅游等综合利用。

8. 观音阁水库

观音阁水库坝址位于辽宁省本溪市上游 40km 处的太子河干流上，控制流域面积

$2795km^2$。水库总库容 21.68 亿 m^3，水库兴利库容 13.84 亿 m^3，水库正常蓄水位 255.20m，防洪限制水位与正常蓄水位相同，死水位 207.70m。水库任务以城市生活和工业供水、防洪为主，其次为灌溉用水，结合工农业用水发电，利用水库水面发展养殖业等。

9. 葠窝水库

葠窝水库位于辽宁省辽阳市以东约 40km 处的太子河干流上，控制流域面积 $6175km^2$。水库总库容 7.91 亿 m^3，兴利库容 5.08 亿 m^3，水库正常蓄水位 96.60m，防洪限制水位 86.20m，死水位 74.70m。水库任务以防洪、灌溉、城市供水为主，同时结合发电利用。

10. 汤河水库

汤河水库位于辽宁省辽阳市弓长岭区内，距辽阳市 39km，在太子河支流汤河上，水库控制流域面积为 $1228km^2$。水库总库容 6.26 亿 m^3，兴利库容 3.61 亿 m^3，水库正常蓄水位 109.36m，防洪限制水位 107.86m，兴利库容 3.39 亿 m^3，死水位 82.26m。水库任务以防洪灌溉为主，兼顾工业用水、发电、养殖等综合利用。

11. 龙湾水库

龙湾水库（规划）为南线东水源工程的龙头水源水库，位于东部河流 2 支流八道河下游，坝址位于凤城市大堡镇武装村，控制流域面积 $857km^2$，多年平均入库水量 4.45 亿 m^3。水库总库容 3.77 亿 m^3，兴利库容 3.53 亿 m^3。水库正常蓄水位 127.50m，防洪限制水位 126.00m，死水位 98.85m。水库任务以供水、发电和下游农业灌溉为主，兼顾防洪、养殖。

12. 张家堡水库

张家堡水库（规划）坝址位于凤城市刘家河镇卫国村，控制流域面积 $610km^2$，多年平均入库水量 2.60 亿 m^3。水库总库容 2.74 亿 m^3，兴利库容 2.59 亿 m^3。水库正常蓄水位 149.00m，防洪限制水位 147.30m，死水位 120.06m。水库任务以供水、发电和下游农业灌溉为主，兼顾防洪、养殖。

13. 碧流河水库

碧流河水库位于辽宁省普兰店市与庄河市分界的碧流河干流上，控制流域面积 $2085km^2$。水库总库容 9.34 亿 m^3，兴利库容为 6.44 亿 m^3，水库正常蓄水位 69.00m，防洪限制水位 68.10m，死水位 47.00m。水库以城市供水、流域防洪为主，兼顾水力发电、农业灌溉、水产养殖。同时为应急入连工程的受水水库，是大连市最大的水源地。水库主要负责大连城市直供生活与工业的部分供水与碧流河水库下游的农业、工业供水，并保证下游河道有一定的基本流量作为生态环境用水。

14. 英那河水库

英那河水库位于英那河中游庄河市塔岭镇境内，控制流域面积 692km²，多年平均入库水量 3.23 亿 m³。水库总库容 2.87 亿 m³，兴利库容 2.09 亿 m³，水库正常蓄水位 79.10m，防洪限制水位 79.10m，死水位 59.50m。水库任务以供水为主，兼顾防洪、灌溉、养殖。水库承担大连市部分城市直供水量、水库下游区间的农业需水以及下游河道的生态环境用水等任务。

2.3 基础资料

图 2-1 以辽宁省"东水西调"三线联调系统所涉及的渠道和骨干水库工程为主，对其网络关系进行重点描述。其中，北线工程由清河水库、柴河水库、白石水库、锦凌水库、青山水库等组成，解决 LXB 地区城市、农业及生态环境用水需求；中线工程由大伙房水库、观音阁水库、汤河水库、葠窝水库等组成，解决辽宁中南部地区城

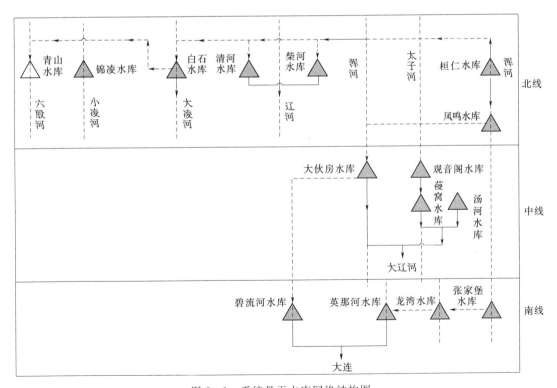

图 2-1 系统骨干水库网络结构图

市、农业及生态环境用水需求；南线工程由龙湾水库、张家堡水库、碧流河水库、英那河水库等组成，解决辽宁中南部地区城市、农业及生态环境用水需求。

2.3.1 水文系列

本书计算使用了1956—2007年52年天然来流系列资料。对于无资料的区间，采用差补和水量平衡计算等方法进行补充。

2.3.2 工程参数

辽宁三线联调系统骨干水库工程参数见表2-1。

2.3.3 需水系列

模型调度的基准年为2010年，未来水平年为2040年。本书用水户选定为城镇、农业和生态用水。根据《辽宁省区域经济可持续发展水资源配置规划》《辽宁省2010年水资源公报》数据，得到辽宁三线联调研究区2010年总用水量为118.99亿 m³，占辽宁省用水总量的82.94%，具体数据见表2-2。

表2-2　　　　　　　　2010年各业用水量分析　　　　　　单位：万 m³

区域	流域	生活			工业、建筑业及第三产业	农业及生态	总用水量
		城镇生活	农村生活	小计			
北线工程区域	辽河干流	0.77	0.88	1.65	3.71	33.23	38.59
	大凌河	0.83	0.51	1.34	2.99	8.97	13.30
	小凌河	0.37	0.15	0.52	0.77	2.32	3.61
	六股河	0.03	0.09	0.12	0.08	0.94	1.14
	小计	2.00	1.63	3.63	7.55	45.46	56.64
中线工程区域	浑河	3.06	0.23	3.29	9.19	14.15	26.63
	太子河	1.56	0.40	1.96	9.77	20.98	32.71
	小计	4.62	0.63	5.25	18.96	35.13	59.34
南线工程区域	东部河流2	0.12	0.07	0.19	0.32	0.62	1.13
	碧流河	0.02	0.10	0.12	0.09	0.75	0.96
	英那河	0	0.04	0.04	0.19	0.69	0.92
	小计	0.14	0.21	0.35	0.60	2.06	3.01
合计		6.76	2.47	9.23	27.11	82.65	118.99

辽宁省"东水西调"三线联调区域 2010 年的万元 GDP 用水量为 102m³/万元，其中北线工程区域、中线工程区域和南线工程区域的万元 GDP 用水量分别为 166m³/万元、73m³/万元、119m³/万元。与全国 2010 年万元 GDP 用水量（151m³/万元）和辽宁省 2010 年万元 GDP 用水量（78m³/万元）相比，北线工程区域用水水平略低于全国水平，更低于全省水平；中线工程区域用水水平要高于全国水平，略高于全省水平；南线工程区域用水水平要高于全国水平，低于全省水平。

根据《辽宁省国民经济和社会发展"十二五"规划》《辽宁省沿海经济带发展规划》《沈阳经济区总体规划纲要》《关于进一步深入实施突破 LXB 战略的若干意见》等相关文件资料，预计到 2040 年，辽宁省"东水西调"三线联调区域社会经济指标将分别达到：总人口为 3849 万人，GDP 为 70937 亿元。2010 年、2040 年社会经济指标对比情况见表 2-3。

表 2-3　　　　　　2010 年、2040 年社会经济发展指标对比情况表

| 区域 | 年份 | 人口/万人 | | 经济规模/亿元 | | | 农田灌溉面积/万亩 | 牲畜/万头 |
		总人口	城镇人口	GDP 总量	工业增加值	第三产业增加值		
北线工程区域	2010	1302	611	3532	1720	1065	1268	1694
	2040	1544	977	38128	26912	9224	979	2031
中线工程区域	2010	1542	1229	8125	3969	3369	571	497
	2040	2109	1888	31579	13985	15839	619	620
南线工程区域	2010	138	47	254	127	33	43	144
	2040	196	63	1230	571	488	51	184
合计	2010	2982	1887	11911	5816	4467	1882	2335
	2040	3849	2928	70937	41468	25551	1649	2835

根据辽宁省各行业用水定额相关标准，考虑未来节水措施，采用指标定额法对辽宁省"东水西调"三线联调区域水资源需求进行预测，到 2040 年，辽宁省"东水西调"三线联调区域国民经济与生态需水量总计为 153.73 亿 m³。具体结果见表 2-4。

表 2-4　　　　　　2040 年水资源需求预测　　　　　　单位：亿 m³

区域	水资源分区	城市	农村	河道外生态	总计
北线工程区域	辽河	11.90	23.33	3.79	39.02
	大凌河	8.39	3.84	1.98	14.21
	小凌河	2.49	0.87	0	3.36
	六股河	3.13	0.60	0	3.73
	小计	25.91	28.64	5.77	60.32

续表

区域	水资源分区	城市	农村	河道外生态	总计
中线工程区域	浑河	24.33	13.45	0	37.78
	太子河	22.88	22.00	0.79	45.67
	小计	47.21	35.45	0.79	83.45
南线工程区域	东部河流2	0.82	0.66	0	1.48
	英那河	0.37	0.55	0	0.92
	碧流河	0.08	0.48	0	0.56
	大连区	7.00	0	0	7.00
	小计	8.27	1.69	0	9.96
合　计		81.39	65.78	6.56	153.73

第 3 章

跨流域水库群最优调水、供水过程耦合研究

　　我国水资源时空分布不均，与经济社会需水要求极不匹配。跨流域调水工程对缓解水资源时空分布矛盾，满足经济社会需水要求具有重要作用。因此，在国家层面，我国兴建了"四横三纵"的南水北调跨流域调水工程；在区域或流域层面，引滦入津工程、山东省和山西省大水网工程，辽宁省东水西调工程开始兴建或已投入使用。水库群作为跨流域调水工程中主要的水量调蓄设施，其调度运行是否合理直接关系到工程效益的发挥。

　　目前，关于跨流域调水问题，国内外学者已经开展了大量研究工作。Dosi 等考虑不确定性来水，分析研究了跨流域调水工程的最大蓄水和最大输水能力。Matete 等提出了用来分析跨流域调水经济效益和环境影响的一般分析框架，以利于水资源的可持续利用。Carvalho 等分析了策略选择方法在跨流域调水利益冲突协调中的应用。Sadegh 等提出了基于模糊博弈理论的跨流域水资源优化调配新方法。Bonacci 等描述了跨流域调水对水源区和受水区水文情况的影响。在国内，方淑秀等以引滦工程为实例，研究跨流域引水工程多水库联合供水的优化调度问题，根据该工程的特点，建立了统一管理调度和分级管理调度两种模型。王劲峰等认为在跨流域调水决策中遇到的"是否需要调水、调多少水和如何分水"，在扣除保障用水之后，这三个问题都取决于调水的经济效益。为此，他们提出了水资源在时间、部门和空间上的三维优化分配理论模型。赵勇等运用系统仿真理论建立南水北调东线工程的水量调配仿真系统和水量调度模型，进行水量调配计算，并引入基于数理统计的拉偏试验方法进行了仿真试验分析。冯耀龙等从水资源承载力分析的角度，提出了跨流域调水应遵循的原则，并通过模糊数学方法建立了各原则实现程度评价的隶属函数，并以引滦入津跨流域调水系统为对象，分析评价了 2000 年度引滦入津调水的合理性。江燕等为确定引哈济锡调水工程规模，建立了考虑多水库多目标的调水工程规模优选模型，以投资费用为评价参考，优选出适宜的工程规模。王国利等分析了调水方案决策的多目标性和群决策特点，研究基于"满意原则"的多人多目标决策模型，重点针对决策者利益的有限冲突性，提出基于协商对策的多目标群决策模型，并用于辽宁省"引细入汤"工程的三方仲裁。

　　从上述研究工作进展综述中，可以看出目前关于跨流域调水的研究工作主要集中在跨流域水资源优化分配、方案比选、不确定性分析以及跨流域调水冲突协调的策略选择和水文影响等方面，关于跨流域水库群最优调水、供水过程的耦合研究开展得很少。确定跨流域水库群最优调水、供水过程需要统一考虑跨流域水库群联合供水问题和调水问题，两者相互影响，共同决定跨流域水库群联合调度运行效果的优劣。其中，调水问题解决水资源在不同水库间的分配问题，决定了水库来水、蓄水状况，故对水库供水具有直接影响。水库向用水户供多少水，决定了水库的蓄水量，进而影响水库是否接受调水或者向外调水。由此可见，在跨流域水库群联合调度中，调水和供水问题不能分开独立研究。为了解决跨流域水库群最优调水、供水过程联合确定问题，本书采用 0-1 规划方法对该问题进行描述并建立优化模型，采用智能演化算法对模型进行求解，得到水库群最优调水、供水过程，并采用实例对模型与算法的有效性进行验证。明确跨流域水库群最优调水、供水过程，不仅可为采用隐随机优化方法确定跨流域水库群调水规则和供水规则提供最优化样本过程，而且对跨流域调水系统调度运行评价具有重要意义，值得深入研究。

3.1　问题描述

本书以本无水力联系但通过跨流域调水系统相互联系的三座水库组成的水库群为例（图 3-1），分析跨流域水库群最优调水、供水过程联合确定问题。

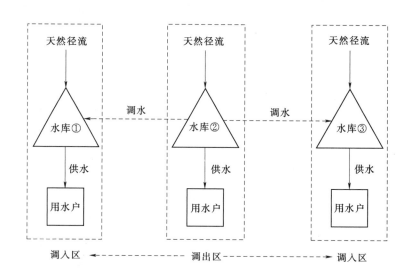

图 3-1　跨流域调水系统水库群水力联系示意图

在图 3-1 中，水库②作为水源水库在承担向自身用水户供水任务的同时，还需向受水水库①、水库③调水。水库①、水库③在接纳自身天然入库来水和外调水水量的同时，各自向用水户进行供水。

文献［31］给出了跨流域水库群联合调度规则，如图 3-2 所示。其中，调水规则采用基于调水控制线的库群调水规则来表示，进而反映调水时水库间的动态关联关系。以图 3-1 所示的跨流域调水工程为例，调水规则主要确定水源水库②向外调水时间，调水量，以及调水量在受水水库①、水库③之间如何进行分配。

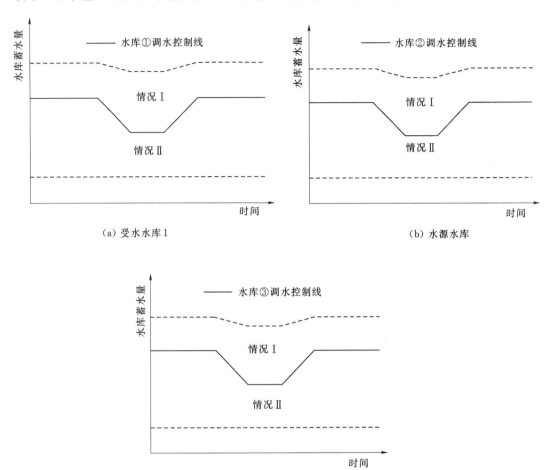

图 3-2　表达调水规则的调水控制线示意图

调水规则如下：

（1）当水源水库蓄水量高于其调水控制线时，表示有足够的水量可以外调。为了避免受水水库水位较高，调入水量转化为弃水，此时还应关注受水水库的蓄水状态。

情况一：当受水水库蓄水量均低于各自调水控制线时，如图 3-2（a）、（c）中的情况Ⅱ所示，说明受水水库蓄水量偏少，需要调水补充，调水启动。水源水库按管道最大输水能力向外调水，受水水库①、③按一定比例系数分配调水。

情况二：当受水水库中的某个水库需要调水（其蓄水量处于调水控制线下方），另外一个不需要调水时，水源水库按管道最大输水能力向需要调水的水库调水。

情况三：如果受水水库蓄水量均高于各自调水控制线，如图 3-2（a）、（c）中的情况Ⅰ所示，说明都不需要调水，故不启动调水。

（2）当水源水库蓄水量低于其调水控制线时，如图 3-2（b）中的情况Ⅱ，表示水源水库没有足够的水量可以外调，无论受水水库蓄水情况怎样，均不启动调水。

调水控制线位置的高低决定了调水行为的启动条件。对于水源水库，调水控制线位置越高意味着向外调水的概率越小，年均外调水量就会越小，更多的水会留在本流域内利用。对于受水水库，调水控制线位置越高，意味着接受调水的概率越大，年均调入水量会越多。

因为水库群调水过程和供水过程间存在相互作用机制，它们共同影响水资源的时空配置效果，所以跨流域调水工程中水库群联合调度需要将两者统一考虑。对于上述调水规则，制定调水决策时，可以分为调水和不调水两类，调水时按照调水能力进行调水。那么，调水问题就可以采用 0-1 整数规划模型进行描述。对于供水问题，供水规则常用调度图表示，当水库蓄水状态处于某一调度区时就按相应的调度规则进行供水。水库蓄水状态是否落在某一调度区，也可以用 0-1 表示。因此，本书拟建立基于 0-1 规划方法的跨流域水库群最优调度模型，统一考虑并最终确定跨流域水库群最优调水、供水过程，分析其最大调水、供水能力，以便对工程运行水平进行评价并为联合调度规则的提取提供最优化过程参考。

水库供水效益的发挥在于对其科学地管理调度，调度图是指导水库运行的重要工具之一，如图 3-3 所示。聚合水库调度图由对应于不同用水户的限制供水线构成。根据供水目标的优先级和设计供水保证率的高低，限制供水线由下至上依次排列并将兴利库容分成若干调度区。水库运行过程中，根据水库蓄水量所处调度区对应的供水

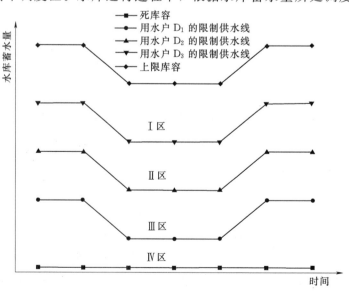

图 3-3　聚合水库调度图

规则（表 3-1）对每个用水户供水。

表 3-1　　　　　　　　　　水库供水调度区供水规则

各调度区	用　水　户		
	D_1	D_2	D_3
Ⅰ区	正常	正常	正常
Ⅱ区	正常	正常	限制
Ⅲ区	正常	限制	限制
Ⅳ区	限制	限制	限制
限制供水系数	α_1	α_2	α_3

3.2　模型构建

跨流域水库群联合调度目标主要是通过跨流域调水工程引水和水库群调蓄，实现水资源在时空尺度上的优化配置和高效利用。因此，本书在建立确定跨流域水库群最优调水、供水过程的联合优化模型时，选取水库群系统弃水之和最小和各用水户供水保证率接近设计表征率为优化模型的目标函数，采用权重系数法将多目标多指标优化问题转化为单目标单一综合指标的优化问题。在优化模型中，以每个调度时段的调水决策和供水决策作为决策变量，并用 0-1 变量表示。跨流域水库群联合调度模拟过程中，遵守水量平衡和最大调水能力等约束条件。

模型的数学表达形式为

$$\min_x F(x,y) = w_{\text{rel}} \cdot \sum_{i=1}^m \mid Rel_i - Rel_{i\text{-target}} \mid + w_{\text{SU}} \cdot \sum_{i=1}^m SU_i \quad (3-1)$$

$$s.t.\ S_{t+1}^i = S_t^i + I_t^i + DS_t^i - R_t^i - SU_t^i - L_t^i$$

$$S_{t+1}^{i'} = S_t^{i'} + I_t^{i'} - DS_t^{i'} - R_t^{i'} - SU_t^{i'} - L_t^{i'}$$

$$0 \leqslant DS \leqslant DS_{\max}$$

$$Rel_{i,j} = G(x,y), SU_i = g(x,y)$$

$$x_{i,t} = 0,1$$

$$y_{i,p,t} = 0,1; \sum_{p=1}^P y_{i,p,t} = 1$$

$$i = 1, \cdots, m; j = 1, \cdots, n$$

$$t = 1, \cdots, T; p = 1, \cdots, P$$

式中　S_t^i、S_{t+1}^i——t 时段、$t+1$ 时段水库 i 的蓄水量；

$\quad\quad\quad I_t^i$——t 时段水库 i 的入库水量；

$\quad\quad\quad R_t^i$——t 时段水库 i 对各用水户的供水量之和；

$\quad\quad SU_t^i$——t 时段水库 i 的弃水量；

$\quad\quad\quad L_t^i$——t 时段水库 i 的蒸发渗漏损失水量；

$\quad\quad\quad DS$——时段调水量，它不大于输水管道的最大过水能力 $DS_{\max}$，对于水源水库，计算时段水量平衡时需要减去调出水量；对于受水水库，计算时段水量平衡时需要加上调入水量；

$\quad Rel$、SU——决策变量 x、y 的函数，需要通过模拟模型对其进行统计得到；

$\quad\quad\quad x_{i,t}$——t 时段水库 i 的调水决策，$x_{i,t} = 0$ 或者 $x_{i,t} = 1$，即 t 时段水库 i 调水或不调水，如果调水就按最大调水规模调水；

$\quad\quad y_{i,p,t}$——水库 i 在 t 时段是否落在供水调度图的第 p 个调度区，$\sum\limits_{p=1}^{P} y_{i,p,t} = 1$ 为在每个调度时段，水库 i 的蓄水量只能落在某一个区间中，其中，i 为水库编号，m 为水库数目，j 为有供水保证率要求的供水户个数，n 为相应供水户总数，p 为供水调度图中第 p 个调度区间，P 为供水调度图中调度区间的总数。

DS 的表达式为

$$DS = x_{i,t} \cdot DS_{\max} = \begin{cases} 0, & x_{i,t} = 0 \\ DS_{\max}, & x_{i,t} = 1 \end{cases} \tag{3-2}$$

水库供水调度决策制定示意图见图 3-4。对含有三个调度区的供水调度图，水库

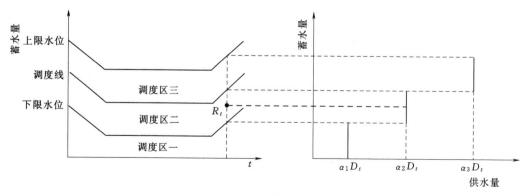

图 3-4　水库供水调度决策制定示意图

在时段 t 向用水户的供水量可表示为

$$R_t = (y_{i,1,t}\alpha_1 + y_{i,2,t}\alpha_2 + y_{i,3,t}\alpha_3)D_t$$

$$\begin{cases} y_{i,1,t}=0,1; \quad y_{i,2,t}=0,1; \quad y_{i,3,t}=0,1 \\ \sum_{p=1}^{3} y_{i,p,t}=1 \end{cases} \qquad (3-3)$$

式中　　D_t——本时段用水户的需水量；

α_1、α_2、α_3——对应不同调度区的水库限制供水系数；一般而言，工业需水和生活需水的限制供水系数常取 0.9，农业需水的限制供水系数常取 0.7。

$y_{1,p,t}$，$y_{2,p,t}$，$y_{3,p,t}$ 需要满足式（3-3）中的 0-1 约束条件。

3.3　模型求解

在确定水库群最优调水、供水过程的联合优化模型中，目标函数与决策变量之间的函数关系是通过模拟水库群长时序的调、供水过程，并对关键指标进行统计建立起来的，因此优化模型目标函数与决策变量间是非线性的关系，采用线性规划方法求解不合适。因此，本书基于模拟—优化模式并采用智能演化算法确定跨流域水库群最优调水、供水过程。但是，对于长时序的水库群优化调度，逐时段逐水库确定调水和供水决策，会产生数目巨大的决策变量，影响模型优化效率，不便于求解。为此，本书借用逐步优化算法的思想对传统粒子群进行改进，提出了逐步优化粒子群算法（PRA-PSO），以减少模型单次运行的变量数目，同时增加算法全局搜索的能力。该思想将用于直接提取跨流域复杂水库群联合调度规则。为了提高模型初始阶段的搜索范围，本书在模拟—优化的框架中，采用基本粒子群算法进行优化；经过演化一定代数之后，模型优化部分再转入逐步优化粒子群算法中，基于逐步优化算法的水库群联合调、供水过程优化确定流程，如图 3-5 所示。

求解流程可描述如下：

（1）由 PSO 算法在可行域内初步确定一组初始决策变量 $Z(0)$，根据该组决策变量确定的联合调、供水决策指导水库群调度，模拟长时序的调、供水过程，并统计用水户的供水保证率及弃水量等指标。

（2）将上述指标反馈给 PSO 算法，作为该组决策变量的适应度值。

（3）采用线性递减权重（Linearly Decreasing Weight）策略对决策变量进行调整，重复上述步骤进行迭代，直到满足条件，保存群体最优决策作为 PRA-PSO 算法决

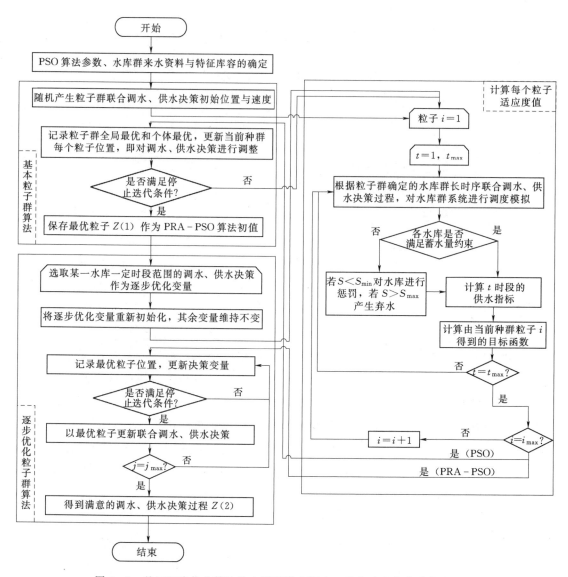

图 3-5　基于逐步优化算法的水库群联合调水、供水过程优化确定流程图

策初值 $Z(1)$。

（4）在水库群系统中选取一定时段范围内的调水、供水决策作为决策变量，其他时段的调水、供水决策保持不变，对整个水库群系统进行长时序的调度过程模拟。根据优化结果更新 $Z(1)$ 中已优化的水库群调水、供水决策。

（5）根据时段次序及水库间调水、供水的水力联系，选取下一轮优化的决策变量，同样采用粒子群算法得到相应的最优调度决策，更新现有决策集合，直至系统调度结果达到最优或满足迭代次数，得到最优调度规则 $Z(2)$。

3.4 实例应用

3.4.1 跨流域调水工程基本情况

本书以辽宁省东水西调北线工程三座大型水库（桓仁、清河、白石水库）间的跨流域调、供水系统为例，对跨流域水库群最优调水、供水过程联合优化模型及其解法进行验证。其中，清河、白石水库对应图 3-1 中的受水水库①、水库③，桓仁水库对应水源水库②。这三个水库分处不同流域，其中桓仁水库所处流域水量丰沛，但经济发展水平较低，流域内需水较少，可向外调水；白石、清河水库所处流域水资源很难支撑当地社会经济发展，桓仁水库可在满足本流域需水的同时，向白石、清河水库调水。水库特征库容与承担的供水任务见表 3-2。桓仁水库承担的供水任务有直供工业、农业、苇田和其他供水，清河水库的供水任务只有直供工业，白石水库的供水任务有向本流域的直供工业、苇田和其他供水。

表 3-2　　　　　　　　　水库特征库容与承担的供水任务　　　　　　单位：万 m³

水库名称	死库容	防洪限制水位对应库容	正常高水位对应库容	年均天然入库水量	供水任务
清河水库	5687.5	46600.0	63000.0	83552.4	Ⅰ
桓仁水库	58952.0	219960.0	219960.0	371517.8	Ⅰ、Ⅱ、Ⅲ、Ⅳ
白石水库	8450.0	60758.0	70990.0	44671.8	Ⅰ、Ⅲ、Ⅳ

注　Ⅰ—直供工业；Ⅱ—农业；Ⅲ—苇田；Ⅳ—其他供水。

各水库多年平均月入库来水量和需水量如图 3-6～图 3-9 所示。从图中可见，

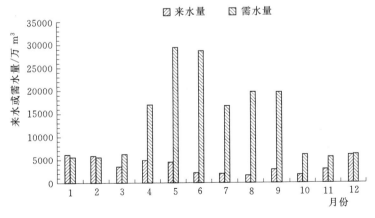

图 3-6　清河水库月均来水量和需水量分布图

各水库入库来水量年内分布与用水户需水过程并不一致，水库调蓄对水资源时空分布改善作用十分必要。桓仁水库入库来水量与其自身的供水任务相比富余很多，而清河、白石水库的情况刚好相反。

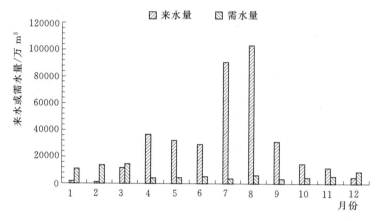

图 3-7　桓仁水库月均入库来水量和需水量分布图

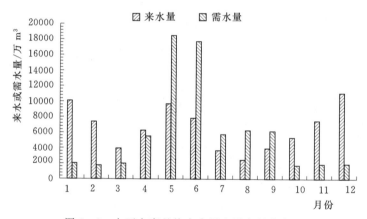

图 3-8　白石水库月均来水量和需水量分布图

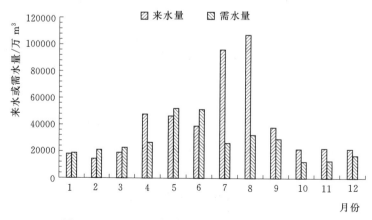

图 3-9　水库群系统月均来水量和需水量分布图

3.4.2 主要计算结果

该大型跨流域水库群联合调水、供水优化模型采用式（3-1）～式（3-3）所示的数学模型进行构建。模型以水库群 52 年（1956—2007 年）长时序天然入库径流作为输入资料。结合水库来水和用水户需水信息确定模型计算步长，将一个水利年度划分为 24 个时段，4—9 月以旬、其余时间以月为计算时段，汛期为 7 月上旬—9 月上旬。

为了分析跨流域水库群最优调水、供水过程及调节计算结果的合理性，本书将文献［31］中的最优调度规则放入模拟模型中，得到基于最优调度规则的水库群联合调度调节计算结果，并将其与最优调水、供水过程进行对比分析，具体对比结果见表 3-3。通过对比分析可以看出，基于最优调度规则的跨流域水库群联合调度结果整体稍差于基于 0-1 规划得到的跨流域水库群最优调水、供水过程的计算结果。在相同的需水规模下，通过最优调度规则得到的调度结果，各水库直供工业和农业供水保证率略低于设计供水保证率和最优调度过程下的各用水户设计供水保证率。桓仁水库调出水量略低于最优调度过程情况下的调出水量，进而影响了相关调度计算结果。从规则本身的含义出发，不难理解上述结果的差别。规则是针对任何情况均适用的普适性规则，为了考虑特殊水情下的水库群整体调度效果，整体指标会有所降低，因此表 3-3 中的结果是合理的。

表 3-3　　　　　　　　　水库群（多年平均）径流最优化调节计算成果表

方案	水库	调水量/亿 m³	供水量/亿 m³				蒸发渗漏损失/亿 m³	弃水量/亿 m³	直供工业保证率/%	农业保证率/%
			直供工业	农业	苇田	其他供水				
最优调度规则	清河	7.53	3.81	3.86	2.86	0.67	0.28	0.83	93.02	71.69
	桓仁	10.08	8.42	0	0	0	0.65	17.07	94.30	—
	白石	2.55	4.48	0	0.98	1.71	0.82	1.58	92.18	67.92
最优调度过程	清河	8.12	3.92	3.93	2.95	0.84	0.34	0.92	95.05	76.21
	桓仁	10.88	9.12	0	0	0	0.64	15.58	95.62	—
	白石	2.76	4.62	0	1.06	1.87	0.81	1.42	95.36	75.84

跨流域调水水库群系统中各水库最优调度运行过程曲线如图 3-10 所示，从图中可以看出桓仁水库调蓄库容和兴利空间明显大于清河水库和白石水库，各水库的调度运行趋势基本保持一致，呈现同丰同枯的变化特征，在个别时段有所区别。

为了分析跨流域调水水库群系统中水库间调水行为在汛期与非汛期发生情况的特点，本书将桓仁、清河、白石三个水库的调水时段进行统计分析，得到如图 3-11 所

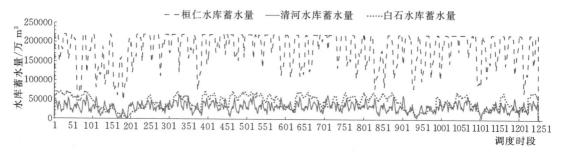

图 3-10　各水库最优调度运行过程曲线图

示的统计结果。其中，白石水库共发生调水 449 次，汛期调水 184 次；清河水库共发生调水 492 次，汛期调水 172 次；桓仁水库共发生调水 750 次，汛期调水 244 次。三个水库的调水行为发生在汛期的频率整体高于非汛期，这与汛期水量丰沛存在一定关系。桓仁水库汛期向外调水的频率最大，这与汛期减少弃水，提高水资源利用效率关系密切。

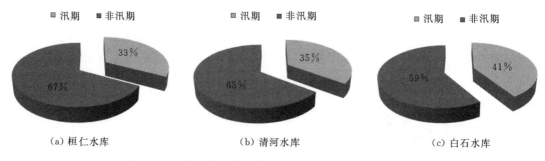

图 3-11　各水库汛期、非汛期调水发生情况统计分布图

具体到调水行为发生的月份来看，桓仁、清河、白水三个水库的调水行为发生在 6—9 月的最多。如图 3-12 所示，桓仁水库发生在其他月份的频率比其他两个水库高一些，这是因为只要清河或白石水库其中之一发生调水，桓仁水库即发生调水。清河水库和白石水库调水高峰分别在 6 月和 9 月，有效地规避了两者的冲突。

在跨流域水库群最优调水、供水过程耦合优化模型中，当清河和白石水库同时发生调水时，通过变动的分水比例系数分配桓仁水库调向两水库的水量。而在调度规则拟定过程中，两水库间的分水比例系数常采用固定的形式，以便于操作。为了分析调度结果的合理性，本书将两种分水方法下的调度结果进行比较分析。结合白石、清河水库的调蓄能力和供水任务，两个水库的固定分水比例系数定为 4：6，并得到各水库调度成果对比表，见表 3-4。从中可以看出变动分水比例系数下的调度结果优于固定分水比例系数的调度结果，这是因为变动分水比例系数更能充分考虑水库来水和蓄水的动态变化特征。

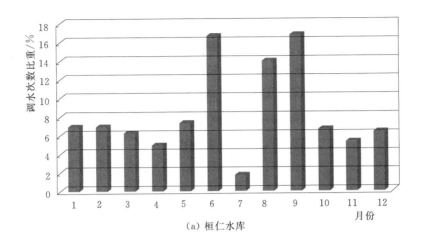

（a）桓仁水库

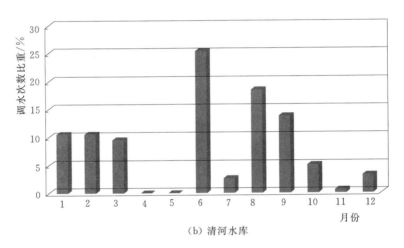

（b）清河水库

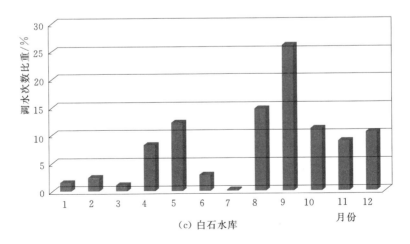

（c）白石水库

图 3-12 各水库调水发生时段统计分布图

表 3 - 4　　　固定分水比例系数与变动分水比例系数情况下各水库调度结果对比表

方案	水库	调水量/亿 m³	供水量/亿 m³				蒸发渗漏损失/亿 m³	弃水量/亿 m³	直供工业保证率/%	农业保证率/%
			直供工业	农业	苇田	其他供水				
固定分水比例	清河	7.86	3.86	3.89	2.92	0.79	0.32	0.86	93.65	72.71
	桓仁	10.67	9.15	0	0	0	0.72	15.68	94.57	—
	白石	2.81	4.6	0	1.02	1.86	0.87	1.48	95.56	76.36
动态分水比例	清河	8.12	3.92	3.93	2.95	0.84	0.34	0.92	95.05	76.21
	桓仁	10.88	9.12	0	0	0	0.64	15.58	95.62	—
	白石	2.76	4.62	0	1.06	1.87	0.81	1.42	95.36	75.84

上述调度结果是在桓仁水库 65m³/s 的外调水规模条件下进行演算得到的，为了分析水库群系统联合调度结果的合理性，本书将桓仁水库外调水能力分别调整为 70 m³/s和 75m³/s 两种情况进行调节计算，形成如表 3 - 5 所示的不同调水能力下水库群的调度结果对比。从表中可以看出随着调水能力的增加，桓仁外调水量增加，这对清河水库和白石水库有所帮助，但是规模增加无疑会增加工程量和投资成本。

表 3 - 5　　　　　　　不同调水能力下水库群（多年平均）调度结果对比表

外调水能力/(m³·s⁻¹)	水库	调水量/亿 m³	供水量/亿 m³				蒸发渗漏损失/亿 m³	弃水量/亿 m³	直供工业保证率/%	农业保证率/%
			直供工业	农业	苇田	其他供水				
65	清河	8.12	3.92	3.93	2.95	0.84	0.34	0.92	95.05	76.21
	桓仁	10.88	9.12	0	0	0	0.64	15.58	95.62	—
	白石	2.76	4.62	0	1.06	1.87	0.81	1.42	95.36	75.84
70	清河	8.89	4.12	4.06	3.09	1.12	0.35	0.93	95.27	76.45
	桓仁	12.16	9.13	0	0	0	0.61	14.32	95.47	—
	白石	3.27	4.64	0	1.52	1.93	0.83	1.37	95.67	75.98
75	清河	9.56	4.15	4.11	3.14	1.57	0.39	0.98	95.67	76.96
	桓仁	13.47	9.09	0	0	0	0.52	13.14	95.07	—
	白石	3.91	4.71	0	1.89	2.08	0.86	1.39	95.98	76.26

3.5　本章小结

为了解决跨流域水库群最优调水、供水过程联合确定问题，本书采用 0 - 1 规划方法对该问题进行描述并建立优化模型，在模拟—优化模式下采用智能演化算法优化确定跨流域水库群最优调水、供水过程。为了减少模型单次运行的变量数目，同时增加算法全局搜索的能力，本书借用逐步优化算法的思想对传统粒子群进行改进，提出了逐步优化粒子群算法（PRA-PSO）对模型进行求解。最后，以辽宁省"东水西调"北线工程三座大型水库联合调度为例，验证了模型与算法的有效性和合理性。跨流域水库群最优调水、供水过程的确定便于分析其最大调供水能力，可为工程调度运行水平评价和联合调度规则提取提供最优化过程参考，具有重要研究意义。

第4章

跨流域水库群联合调度规则形式与提取方法研究

水库群联合调度规则作为指导库群系统运行的重要工具，不仅是以水库群为核心的水利工程设施在规划设计时期的决策参考要素，而且是运行管理期内影响水库群联合调度效益发挥的关键技术之一。值得注意的是，随着我国大批水库工程的开工建设，水库群的规模逐步变大，并表现出了梯级化、流域化和网络化的结构特征。例如，长江上游干支流已建和在建的水库群总库容在 800 亿 m³ 以上，其中调节库容大于 5 亿 m³ 的就有近 20 个。这就使得之前基于单库调度图的水库调度规则不再适用于具有复杂结构的水库群联合调度问题。因此，确定合适的水库群联合调度规则具有十分重要的现实意义。

笔者认为获取合理的水库群联合调度规则主要包括两个方面的工作：一方面要保证调度规则的形式合理；另一方面是规则形式确定之后采用的规则提取方法有效。前者是确定合理调度规则的先要条件，因为具体调度规则的提取是在确定调度规则框架下进行的。若调度规则不合理，即使能够实现最优解的确定，也很难认定此最优群对应的联合调度规则是恰当的。但是，目前关于水库群调度规则的研究大多围绕提取方法展开，对联合调度规则形式，特别是联合供水规则形式的研究却少之又少。因此，本书首先围绕库群调度规则形式，对水库群联合供水调度规则的相关研究进展进行分析，以加强人们对调度规则形式的重视，并促进水库群联合调度研究在该方向的发展。

4.1　水库群联合调度规则形式

4.1.1　构成要素

水库群联合供水调度规则旨在确定水库群对各用水户的供水水平和每个成员水库分别承担的供水任务。换言之，其作用是回答"对用水户供多少水"和"由谁供水"的问题，因此水库群联合供水调度规则的构成要素包括供水规则和分水规则两个方面。在单库供水调度中，由于制定供水决策的参照水库和承担供水的任务水库属于同一水库，使得供水规则和分水规则统一起来，使人们忽略了水库调度规则的二重性。但对于供水水库群，由于存在共同用水户，水库群联合供水调度规则的二重性特征较为突出。

以图 4-1 所示的并联供水水库群为例，两个水库在承担各自独立用水户供水任务的基础上，通过共同用水户相互联系。其中，独立用水户供水规则的制定相对简单，与单库供水调度规则相近。但在制定共同用水户联合调度规则时，不仅要参照每个任务水库的状态特征确定供水决策，而且要根据每个任务水库的状态特征合理分配共同供水任务。供水规则或分水规则制定的不合理均会影响水库群的联合供水调度效果。在图 4-2 所示的串联供水水库群中，联合调度规则的关键是合理确定上游水库对下游水库的下泄水量，这部分水量往往需要根据水库群联合调度的供水规则和分水规则统一制定。

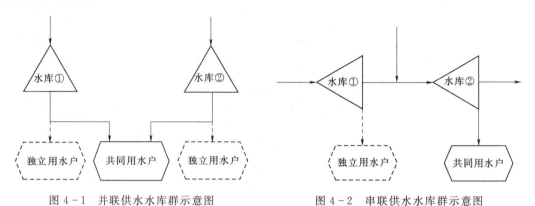

图 4-1　并联供水水库群示意图　　　　　图 4-2　串联供水水库群示意图

水库群联合调度的目的在于调节时空分布不均的天然来水过程，使其最大限度地接近各用水户的需水水平。从这个角度理解水库群联合供水调度规则的二重性特征，供水规则的作用在于改变天然来水的时间分配过程。例如，水库群通过提前限制供水，避免后续时段超破坏深度的供水情况发生，使放水过程的时间分布更加合理。而分水规则的作用在于改变天然来水的空间分配。例如某些时段库群管理者让处于不同空间位置的某个水库多供一些水，其他水库少供一些水，进而调整水资源的空间分布。供水规则和分水规则统一起来，相互协作可以实现最优的水资源时空配置效果。

目前，用来表示水库群供水规则和分水规则最常用的规则形式是调度图和调度函数。由于水库群系统结构的复杂性，且供水调度图和调度函数均包括多种更为具体的规则样式，因此水库群联合调度规则的形式更是多样的。本书主要对表示水库群供水联合调度规则的供水调度图、调度函数和其他规则形式的研究进展进行评述与总结。

4.1.2　供水调度图

水库供水调度图是指导水库运行的控制曲线图，它以时间（月、旬）为横坐标，以水库水位或蓄水量为纵坐标，由一些控制水库蓄水量和供水量的指示线将水库的兴利库容划分出不同的供水区，是指导水库控制运行的主要工具。

目前，采用供水调度图作为水库群调度规则表述形式的相关研究大概可以分为如下五类：

（1）单库供水调度图。其表述形式相对固定，由确定用水户供水决策的几根供水调度控制线根据保证率要求从高到低依次排列构成。关于单库供水调度图的研究主要围绕调度图的确定方法、算法效率以及水库供水与其他兴利目标的平衡关系等方面展开。

（2）在处理并联供水水库群联合调度问题时，在某一成员水库单库调度图上添加联合供水调度线，根据该成员水库蓄水量与联合供水调度线之间的位置关系决定由哪个水库对公共供水区进行供水。

（3）在水库群联合供水调度中，以单库供水调度图表示各水库的供水调度规则，最后通过联合调度规则将各调度图有机结合起来，来完成水库群的联合调度。

（4）聚合水库调度图（图3-3）。廖松和郭旭宁等在确定水库群供水规则时，将库群系统聚合成等效水库，根据系统整体蓄水量与聚合水库调度图供水控制线的位置关系，制定水库群对共同用水户的供水决策。两者的不同之处在于共同供水任务在水库间的分配规则不同。廖松采用的是补偿调节分水规则，即先由调节能力小的水库对共同用水户进行供水，不足水量再由调节能力大的水库补充，这样可以充分发挥"大水库"的调节能力，适用于水库调节能力相差明显的库群系统。郭旭宁等通过 Parametric Rule 对共同供水任务进行分配。Parametric Rule 是由 Nalbantis 等提出的一种参数式库群调度规则，该规则通过建立库群系统目标蓄水量与单库目标蓄水量之间的线性方程，来实现共同供水任务在水库间的分配。Parametric Rule 可以有效降低优化变量参数，但是它采用标准式调度规则（Standard Operating Policy）来确定供水决策，容易产生超深度破坏的情况，与聚合水库调度结合可以避免这种情况的发生。

（5）二维水库调度图，如图4-3所示。其表示双库供水系统中各水库蓄水量的两条坐标轴与时间轴构成的三维坐标系下充分考虑每个水库蓄水量，在此基础上确定水库群的联合供水决策。针对双库库群联合供水调度问题，郭旭宁等提出了一种二维水库供水调度图与补偿调节分水规则结合的水库群联合供水调度规则。但

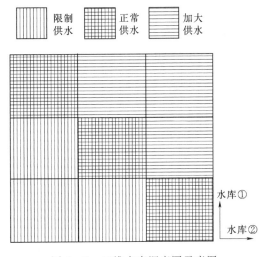

图4-3 二维水库调度图示意图

是，补偿调节分水规则仅适合于调节能力差距较明显的双库供水系统。因此，郭旭宁等提出了配合变动分水系数的二维水库调度图，并为不同需水类型的用水户分别设置

限制供水线，以满足它们对供水保证率和破坏深度等的不同要求，变动分水系数有利于根据水库蓄水的不同组合情况有区别地划分共同供水任务。

确定如何对水库群共同供水任务进行供水时，不以某一水库蓄水量为决策参考，而应从库群系统整体蓄水量的角度出发制定供水决策，这是实现水库群联合调度的保证。从这个角度来讲，聚合水库调度图和二维水库调度图对于具有共同供水任务的水库群联合调度问题更为适用。相对二维水库调度图而言，聚合水库调度图的适用范围更为广泛。此外，水库群共同供水任务如何在水库间进行合理分配是影响供水调度效果的重要环节，但目前关于共同供水任务分配规则的研究较少，应该引起后续研究的关注。

4.1.3 供水调度函数

调度函数是水库群供水调度规则的重要表述形式之一，它建立了面临时段决策水库供水量（决策变量）与水库群当前蓄水量以及面临时段入库水量（状态变量）之间的函数关系。水库群供水调度函数可表示为

$$R_k^i = F(S_k^1, S_k^2, \cdots, S_k^i, \cdots, S_k^m; I_k^1, I_k^2, \cdots, I_k^i, \cdots, I_k^m) \qquad (4-1)$$

式中　　S_k^i——第 k 时段水库 i 的蓄水量；

$\qquad$ I_k^i——第 k 时段水库 i 的入库水量；

$\qquad$ R_k^i——第 k 时段水库 i 的供水量或下泄水量；

$\qquad$ m——库群系统内水库数目，$i=1, 2, \cdots, m$；

$\qquad$ k——调度时段。

由式（4-1）可知，水库 i 在时段 k 的供水量，不仅与水库 i 当前蓄水量以及面临时段入库水量有关，而且需要参照库群系统内其他水库当前蓄水量以及面临时段入库水量，这体现了成员水库供水决策之间的关联关系。在水库群供水调度函数中，各水库的状态变量容易得到，关键是如何确定有效的调度函数形式 F。因此，本书将围绕水库群供水调度函数形式及其确定方法，对水库群供水调度函数的研究进展进行评述和总结，希望有助于后续研究的开展。

目前，国内外关于水库群供水调度函数的研究大概分为以下类型：

（1）基于回归分析的水库调度函数。首先采用隐随机优化方法确定水库群的最优运行过程，然后通过回归分析方法确定一年内每个调度时段的调度函数，最后通过模拟方法对确定调度函数进行检验和修正。卢华友等采用动态系统多层递阶预测与回归分析相结合的方法，建立了水库决策变量与其影响因素之间的动态调度函数。

（2）基于人工智能技术的水库群供水调度函数。人工智能技术对于建立非线性、

多变量的复杂水库群供水调度函数具有较好的适用性，它丰富了调度函数的表述方式和确定方法体系。目前，人工神经网络技术、支持向量机和模糊系统是建立水库群供水调度函数中采用较多的人工智能技术。人工神经网络技术应用仿生学知识模拟大脑神经突触连接结构以及运行机制进行信息处理，具有自学习、自组织、较好容错性和非线性逼近的能力。胡铁松等、赵基花等和 Wang 等分别采用不同类型的人工神经网络方法（BP 网络或径向基网络等）求解水库群供水调度函数，通过与其他方法的对比分析，发现人工神经网络的非线性映射能力能够更好地反映水库调度中多个自变量和因变量之间的复杂关系，具有较高的模拟精度和较好的可行性。支持向量机从观测数据出发寻找规律，利用这些规律对未来数据或无法观测的数据进行预测。Karamouz 等针对水库调度函数的复杂性和非线性，采用支持向量机技术建立水库优化调度函数，证明了该方法的有效性。模糊系统将知识以规则的形式进行存储，采用一组模糊规则来描述对象的特性，并通过模糊逻辑推理来完成对不确定性问题的求解。Mehta 和 Jain 采用模糊技术提取水库调度规则，比较了三种不同模糊规则的效率。

（3）与其他调度规则形式结合的水库群供水调度函数。针对我国水库群运行管理方面的现实状况和确定性优化调度模型应用于水库群运行调度中来水并不确知的问题，裴杏莲等提出了充分考虑系统特点的时、空分区控制规则，建立了水库时、空分区控制规则与调度函数相结合的优化调度模式，以提高确定性优化调度方法的实用性和有效性。

（4）分段调度函数。雷晓云等提出了确定水库群多级保证率优化调度函数的原理与方法，并以新疆玛河流域四座水库联调为例，建立了具有保证率概念的分段调度函数，通过模拟运行证明以联调函数指导水库群联合调度是合理可行的。

水库群供水调度函数是调度图之外的主要供水调度规则形式，笔者认为今后应该加强以下方面的研究工作：

（1）在水库群供水调度函数中，通常采用一种基于参数识别的水库调度函数确定方法（即假定某种带有参数的调度函数形式，通过优化方法确定最优参数，进而确定调度函数表达式），取得了不错的应用效果。但是该方法在水库群供水调度中的应用较少，它对确定水库群供水调度函数的适用性不得而知，故这方面的研究工作应该加强。

（2）目前，人工智能技术研究领域取得了大量新的研究成果，涌现出了许多新型智能算法，综合性能优良的混合性人工智能技术也取得了长足发展，这为水库群调度函数的确定提供了有效的研究手段。基于人工智能技术的水库群调度函数研究必将成为将来水库调度研究领域中的热点之一，因此应该深入开展人工智能技术性能测试研究及其对确定水库群调度函数适用性的探讨。

4.1.4　平衡曲线法和以语言叙述方式表示的调度规则

在水库群联合供水调度规则形式中，平衡曲线法（Balance Curve Method）是从水库群系统角度出发，兼具制定水库群供水决策和分水决策功能的一种调度规则形式，具有表达直观的优点。平衡曲线根据多维动态规划等优化方法得到水库群系统和各单库的最优运行过程，构建水库群系统蓄水量（或可利用水量）与水库群系统本时段下泄水量或下时段目标蓄水量之间的曲线关系（供水决策），或者构建水库群系统蓄水量（或可利用水量）与各单库本时段下泄水量或下时段目标蓄水量之间的曲线关系（分水决策），如图 4-4 所示。在平衡曲线法中，关键问题是如何确定合理的平衡曲线图。目前采用较多的方法是拟合分析方法和直接优化平衡曲线关键点。拟合分析方法是通过拟合平衡曲线与水库群最优运行过程，使两者的拟合误差尽量小，得到满意的平衡曲线法。直接优化平衡曲线关键点的方法是先拟定平衡曲线的形式和关键控制点的初始位置，采用模拟—优化的方法对关键控制点位置进行调整，得到优化的平衡曲线。例如，Oliveira 和 Loucks 提出了平衡曲线的雏形，对通过平衡曲线表达水库群联合调度规则的具体过程做了详细阐述，并采用遗传算法对平衡曲线的关键点进行优化，这是对水库群联合调度规则形式研究的有益补充。Nalbantis 和 Koutsoyiannis 提出了一种求解水库群联合调度问题的参数式调度规则，笔者认为参数式规则是一种以函数形式表示平衡曲线，而且他们最终以图的形式给出了确定的平衡曲线。这两项研究工作对水库群联合调度的后期研究具有重要的启发意义。目前，关于平衡曲线法的研究还相对较少，鉴于其功能全面、表达直观等优点，在今后的水库群联合优化调度中应该对平衡曲线法开展更深入的研究工作。

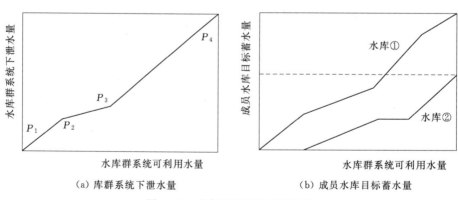

（a）库群系统下泄水量　　　　　（b）成员水库目标蓄水量

图 4-4　水库群平衡曲线示意图

$P_1 \sim P_4$ 分别表示各时段水库群系统蓄水量与下泄水量的平衡曲线关键控制点

在水库群联合调度规则中，以语言叙述方式表示的调度规则是除调度图、调度函数和平衡曲线之外的一种规则形式。与其他调度规则形式相比，语言式规则形式对调度规则的表达并不直观和具体，这种形式的调度规则通常提出水库（群）调度运行的一般性原则。例如，Lund 和 Guzman 对并联和串联水库群供水、发电、防洪调度规则进行了详细阐述，提出了不同利用目标下水库群运行控制的一般性原则。就供水水库群而言，串联水库群在汛期供水时首先蓄满上级水库，在非汛期供水时首先由下级水库进行供水，并联水库群无论在汛期还是非汛期，要保证水库间的弃水概率尽可能相等。

4.2 水库群联合调度规则提取方法

水库群联合调度是对相互间具有水文、水力联系的水库以及相关设施进行统一协调调度，从而获得单独调度难以实现的更大效益。对水库群系统开展联合调度能够充分发挥水库间的水文补偿和库容补偿作用，最大限度地提高水资源的利用效率，因此该方面研究具有重要理论价值和现实意义。水库群联合调度规则作为指导水库群系统调度运行的重要工具，不仅是以水库群为核心的水利工程设施在规划设计时期的决策参考要素，而且是运行管理期内影响水库群联合调度效益发挥的关键技术之一。因此，要获取合理的水库群联合调度规则，一方面要保证规则形式合理，另一方面要在确定规则形式框架下通过有效的提取方法获得最优的调度规则。因此，在对水库群联合调度形式研究进展进行归纳总结的基础上，本书首先对基于不同规则形式的联合调度规则提取方法进行述评，然后以水库群联合调度规则提取方法的发展历程为主线，对水库群联合调度规则提取方法进行总结分析，对其最新研究进展进行评述。

4.2.1 基于不同规则形式的联合调度规则提取方法述评

随着我国水库工程的大批兴建，水库群系统逐步表现出了流域化、梯级化和网络化的结构特征。为了满足串、并联等不同系统结构的水库群联合调度需求，联合调度规则形式也随之多样化。调度规则形式和提取方法是决定水库群联合调度效果的关键因素，两者关系密切，结合不同规则形式对联合调度规则提取方法进行总结分析具有针对性和实用性。

目前，用来表示水库群联合调度最常用的规则形式是调度图和调度函数。水库调度图是指导水库运行的控制曲线图，一些控制水库蓄水量和供水量的指标线将水库的兴利库容划分出不同的调度区，它是指导水库控制运行的主要工具。供水调度图的相关研究介绍详见本章第 4.1.2 节。

4.2.2 水库群联合调度规则提取方法与比较分析

水库群联合调度规则提取方法的发展与优化理论和计算技术的进步密切相关，它经历了常规方法、模拟方法、优化方法、模拟—优化结合的发展过程。以数学规划方法为代表的传统优化方法主要用于确定水库群的最优运行过程，很难直接提取水库群的联合调度规则。近年来，智能演化算法取得了长足的进步，为基于模拟—优化模式的水库群联合调度规则提取方法的出现创造了条件，目前这两种规则提取方法占据了该研究领域的主要位置。

4.2.2.1 水库群联合调度规则提取方法

1. 常规方法

常规方法是为了与优化方法相区别的一种称法，它以实测资料为依据，常采用时历法或统计法拟定水库调度规则，难以实现最优。但该方法简单直观，且可以汇集调度和决策人员的经验和判断能力，曾是实践中普遍应用的方法。

2. 模拟方法

模拟方法对一定调度规则下的库群系统运行及其伴生过程进行模拟，并对调度结果进行准确评价和有效比选，从而得到令决策者满意的水库群调度规则。模拟方法对于解决具有多目标、多变量、多约束等复杂性特征的水库群调度问题尤为适用。尽管模拟方法在直接提取水库群调度规则方面的研究较少，但是它在水库群系统分析、方案比选、影响评价等方面的应用颇多。

Yeh、Wurbs、Rani 等分别在不同时期对基于模拟方法的水库群调度问题的研究进展和应用情况做过总结。目前，模拟方法在水库群调度领域中的应用可以分为两大类。

（1）针对具体流域或水库群特征建立的模拟系统。例如约翰霍普金斯大学的研究组建立了 Potomac 河流域的交互模拟系统。科罗拉多开垦局建立了针对科罗拉多河流域的模拟系统，解决该河上水库群的发电、防洪和生态调度问题。我国学者建立了长江、黄河流域的水库群模拟系统。

（2）通用性的水库群模拟系统。美国陆军工程师兵团水文工程中心开发的 HEC - 3 和 HEC - 5 模型是这类模型中的范例。其中，HEC - 5 是应用最广泛的水库群系统模拟模型，它不仅用于改造或新建水库群系统的规划设计，而且可以用于水库群的实时调度。我国在水库群通用模拟系统研发方面相对落后。

综上所述，模拟方法在水库群系统的实际调度中已被广泛运用，这主要是因为模拟方法更容易加入规划设计人员和管理者的经验和判断，具有很强的可操作性。但是相比优化方法，模拟方法只能对有限的调度方案或调度规则效果进行评价，不能保证确定方案或规则的最优性，这可能是模拟方法在提取水库群调度规则方面应用较多、理论研究较少的原因。模拟方法与优化方法的优缺点形成了较好的互补性，这为模拟—优化方法的出现奠定了基础。

3. 优化方法

优化方法常用于确定水库群的最优运行过程，很难单独依靠优化方法直接得到水库群调度规则。本书将优化方法分为数学规划方法和人工智能优化方法，并对它们在水库群调度中的研究进展进行评述。

（1）数学规划方法。

1）线性规划方法。线性规划被认为是水资源规划与管理领域中应用最广泛的优化技术，研究起步也较早。线性规划方法具有通用的求解工具和完备的理论基础，但它只能处理线性规划问题，因此限制了应用范围。

2）非线性规划方法。非线性规划方法由于能够充分考虑水库调度模型目标函数和约束条件的非线性特征，因而在实践中得到了一些应用。但是传统非线性规划在处理复杂水库群调度问题时建模复杂，收敛速度慢，影响了它的进一步应用。

3）动态规划方法。动态规划可以充分考虑复杂水资源系统优化调度问题的非线性和随机性特征，而且对目标函数和约束条件没有严格的要求，因此该方法成为继线性规划之后水资源管理规划领域最受欢迎的优化技术。在提取水库群调度规则时，动态规划方法主要存在两个问题：一是随着水库数目增多，易出现"维数灾"问题；二是动态规划很难直接提取调度规则。为了降低优化问题维数，增量动态规划（IDP）、微分动态规划（DDP）以及离散微分动态规划（DDDP）等方法都相继被提出并应用于水库群的联合调度中。

4）网络流规划方法。网络流规划方法是专门针对网络特点的一种数学规划法，其本质上是一种特殊的线性或非线性规划。在水库群的联合调度中，具有水力联系的水库群自身就构成了空间网络，加之水库调度过程分成的若干调度时段使水库群的这种空间结构在时间轴上可以复制，这样水库群调度的求解过程就形成一张复杂的网络图形，因而可应用网络流规划方法。

（2）人工智能优化方法。人工智能算法是借助现代计算工具模拟生物智能机制、生命演化过程和智能行为而进行信息获取、处理和利用的理论和方法。传统计算方法需要对求解问题进行详尽描述，而智能算法允许存在不精确性和不确定性，它具有易处理、鲁棒性、低求解成本和更好地与实际融合的优点。人工智能优化方法常与模拟模型结合使用，即模拟—优化方法，部分人工智能优化方法也可独立使用。

1）遗传算法。遗传算法依照达尔文生物进化论的自然选择和遗传学机理，通过模拟自然进化过程搜索最优解，是起步较早、应用最为广泛的人工智能优化方法。遗传算法在处理结构相对简单、变量较少的优化问题时，优化效率很高，性能稳定。当优化问题复杂，变量数目众多。目标函数非唯一时，遗传算法优化效率会变低。为此，不少学者对其进行改进，并将其引入到水库调度领域中。Tung 等以效益最大化为目标，采用普通遗传算法确定台湾省鲤鱼潭水库的调度规则。大量研究表明，普通遗传算法具有收敛速度慢，且易收敛于局部最优解的缺点，许多学者对其进行了改进。Reis 等采用遗传算法和线性规划的混合算法对水库群调度决策进行优化。Chen 等提出了实数编码的多种群遗传算法，用于确定水库群调度规则。Dariane 等采用直接搜索遗传算法确定水库群线性调度规则中的参数。Chang 和 Chang 提出了能够有效处理带有各种约束的复杂优化问题的改进遗传算法。钟登华等提出了解决大规模水库群优化调度问题的改进遗传算法。

2）人工神经网络。人工神经网络从信息处理角度对人脑神经元网络进行抽象，建立某种简单模型，按不同的连接方式组成不同的网络，是 20 世纪 80 年代以来人工智能领域兴起的研究热点。它具有自学习、自适应、自组织以及良好的容错性等优点，可以在水库调度决策和影响因素间建立起联系。但人工神经网络在提取水库调度规则时，很难直接提取调度图形式的调度规则，而优化确定调度函数形式的调度规则是它的擅长之处。Raman 和 Chandramouli 以 20 年的历史资料作为训练数据，建立了神经网络模型，对印度 Aliyar 水库的放水规则进行优化。Cancelliere 等采用神经网络方法提取灌溉水库的调度规则，该调度规则在减少弃水和缺水方面有比较好的效果。在国内，胡铁松等提出了研究水库群和发电调度函数的人工神经网络方法，并探讨了神经网络训练参数、训练方法和训练样本的改变对网络训练和应用效果的影响。畅建霞等采用改进的 BP 神经网络寻求西安市城市水源的三个水库的联合优化调度函数。

3）粒子群算法。粒子群算法是一类模拟群体智能行为的自适应概率优化技术，它从随机解出发，通过适应度来评价解的品质，经过迭代过程寻找最优解。粒子群算法比遗传算法规则更为简单，以其实现容易、精度高、收敛快等优点引起重视，并且在解决实际问题中展示出了优越性。近年来，基本粒子群算法被广泛应用的同时，也被赋予了多目标优化功能。Reddy 和 Kumar、Baltar 和 Fontane 采用基于 Pareto 比较准则的粒子群优化算法搜索水库多目标优化调度的非劣解，为决策者选取水库调度方案提供了重要参考。Guo 等将改进的 NSPSO 算法用于求解水库群的多目标联合调度问题，得到水库群联合调度规则集合。

4）蚁群算法。蚁群算法是一种新型随机优化方法，其灵感来源于蚂蚁在寻找食物过程中发现路径的行为。研究表明该算法具有许多优良的性质。尽管起步较晚，但它已在水库调度领域得到应用。Kumar 和 Reddy 采用蚁群算法提取了综合利用水库群的联合调度规则。Jalali 等提出了能处理连续和离散优化问题的多种群蚁群算法，并将其用于解决水库群优化调度问题。

5）模拟退火方法。模拟退火方法是一种通用概率演算法，用来在一个大的搜寻空间内找寻命题的最优解。与其他方法原理不同，它是受固体冷却形成晶体的启发而提出的一种新型算法，是解决旅行商（TSP）问题的有效方法之一。Teegavarapu 和 Simonovic 将模拟退火方法应用于水库群的优化调度中，将它与线性规划、混合整数非线性规划进行比较，结果表明模拟退火方法可以得到更好的优化结果。Georgiou 等采用模拟退火方法确定了灌溉水库的优化运行方式。

4. 模拟—优化方法

在早期的水库调度中，模拟方法和优化方法是分开的。由于人工智能技术的出现和发展，模拟—优化方法综合了模拟与优化两种方法的优势，不仅可以对复杂的水库群系统调度过程进行充分描述，而且有助于降低手工计算量和寻找最优解。模拟—优化方法以水库群调度规则参数为决策变量，直接对调度规则进行优化，并遵循如下步骤：

（1）在可行域内，生成一组初始调度规则。

（2）根据该调度规则，模拟水库群的联合调度过程，统计相关的评价指标。

（3）将该指标转化为智能优化方法的适应度值。

（4）对所有调度规则进行评价，通过智能优化方法生成新的调度规则。

（5）判断是否满足停止条件，是则停止迭代，否则转至步骤（2）。

模拟—优化方法框架流程如图4-5所示。

笔者认为模拟—优化方法是目前确定水库群联合调度规则的最重要的方法之一，它对于难以建立模型直接求解的复杂调度问题尤为适用。国内外学者对此做了大量研究。Neelakantan 和 Pundarikanthan 将后馈神经网络方法嵌入到非线性规划模型中，建立了一种相对特殊的模拟—优化模型。Chang 等、Tung 等、Suiadee 和 Tingsanchali、Hormwichian 等采用不同形式的遗传算法，基于模拟—优化的模式确定水库群联合调度规则。Sulis 建立了基于 GRID 优化方法的水库群模拟优化模型。Kangrang 等采用启发式算法与模拟模型相结合的方式，确定了泰国 Ubolratana 水库的调度图。Afshar、Ostadrahimi 等采用粒子群算法，建立了确定水库群联合调度规则的模拟—优化模型，并对粒子群算法的优化效率进行分析。Rani 等对基于模拟—优化模式的水库群联合优化调度研究进展做过总结。在国内，张建云等将模拟模型与优化技术相结合，建立了大型跨流域调水工程优化调度模型。郭旭宁等提出了一种基于

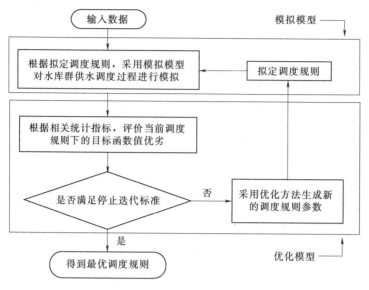

图 4-5　模拟—优化方法框架流程

模拟—优化模式的混联水库群联合调度规则求解框架。

5. 其他方法

（1）数据挖掘。数据挖掘是一门新兴发展的学科，其功能在于从观测数据集中提取隐藏的预测性信息，挖掘出数据间潜在的模式，找出有价值的信息和知识。尹正杰等选取水库蓄水量、调度时段编号、需水量、径流量和水文年型 5 个特征属性构成数据集，采用数据挖掘技术提取水库调度规则。

（2）决策树方法。决策树方法是数据挖掘中的一种重要方法，它能够从一组无规律的事例中利用信息论原理对大量样本的属性进行分析和归纳，推理出以决策树形式表示的分类规则。Cheng 等分析了台湾地区的降雨特征，采用决策树方法确定了台风预报情况下的水库调度规则。张弛等利用决策树技术对水库多年实际水文数据和调度数据进行分析和挖掘，得到了基于多年实际径流和水库水位的调度决策树模型。习树峰等采用决策树方法，提取了跨流域引水水库的实时调度规则。

（3）集对分析方法。集对分析方法通过联系度表达式展示关系的整体与局部结构，可表达随机性、灰色性、模糊性等多种不确定性，为描述水文水资源系统研究对象间的关系提供一种新途径。它在水文水资源分析计算、评价、预测和决策中得到广泛应用。郭旭宁等首次将其引入到水库调度领域，提出了确定供水水库群联合调度规则的集对分析方法。根据离散微分动态规划和拟定供水调度图确定的相同时段同一蓄水状态下的水库供水决策构成一组集对，通过遗传算法优化调度图中各调度线的位置，使两种供水决策联系度最大，从而得到最优调度图。

4.2.2.2 水库群联合调度规则提取方法比较分析

将水库群联合调度规则提取方法按照其原理及发展阶段大致可以归纳为上述五种。每种方法都有其特点及适用性，而且每种方法都体现着水库调度规则提取方法发展的阶段性。具体来说，有的方法曾是水库群联合调度规则提取研究与应用的主要方法，但随着相关技术的发展，它们开始与其他新型方法并存发展或被替代，如常规方法或模拟方法等。

与其他方法相比，常规方法对计算机技术的依赖程度不高，它可以汇集规则制定人员的经验和判断能力，曾是生产实践中得到普遍应用的一种方法。它的不足之处在于主观性强，自动化程度不高，处理复杂调度决策问题的能力不足。模拟方法可以有效描述复杂水库系统对调度规则的目标响应关系，系统的复杂性进一步突出了模拟方法在仿真方面的优势特征。但是，模拟方法只能对有限的调度方案或调度规则进行评价，不能保证确定方案或规则的最优性，限制了模拟方法的单独应用前景。以数学规划方法为代表的传统优化方法主要用于确定水库群的最优运行过程，很难直接提取水库调度规则。但是，水库最优运行过程的确定对于解决水库群联合调度问题尤为重要，它为采用隐随机优化方法提取水库群联合调度规则提供了最优样本数据支撑，如采用包线法提取水库群联合调度图，利用最优样本训练人工神经网络等。近些年来，人工智能演化算法取得了长足的进步，它们一般都以随机迭代优化为基本寻优原理，为基于模拟—优化模式的水库群联合调度规则提取方法创造了条件。人工智能演化算法一般很难保证所得到结果是理论最优的，但它所提取的规则一般是相对最优的，已足够满足生产实践的需要。由于它可以大量减少手工计算量，因而可以与复杂系统模拟模型很好地融合。模拟—优化方法综合了模拟与优化两种方法的优势，不仅可以对复杂水库系统调度过程进行充分描述，而且有助于降低手工计算量和寻找最优解。模拟—优化方法是目前水库调度领域应用最广泛、最实用的调度方法理论，也是当前学术研究领域讨论最热烈的研究方法之一。除此之外，数据挖掘、决策树、集对分析等其他新方法为水库调度规则提取提供了新的思路和方法框架，但它们一般也会借助其他优化方法实现调度规则的寻优，这些新方法为水库调度规则的提取提供了有益补充。

4.3 本章小结

水库群联合调度规则优劣，取决于调度规则形式与规则提取方法。本书首先对水库群联合供水调度中广泛采用的调度图、调度函数和其他规则形式的研究与应用现状进行总结评述，加深了人们对水库群调度规则形式的理解，并指出了在各研究方向上需要进一步加强的方面。然后，以水库群联合调度规则提取方法的发展历程为主线，全面总结了国内外学者在水库群联合调度规则研究方面的最新进展，对不同规则形式的联合调度规则提取方法进行述评，并对今后水库群联合调度规则提取方法研究的发展进行展望。研究分析发现，每种方法都有其特点及适用性，它们体现着水库群联合调度规则提取方法发展的阶段性。其中，模拟—优化方法是目前水库调度领域应用最广泛、最实用的调度方法理论，也是当前学术研究领域讨论最热烈的研究方法之一，它对于提取复杂水库群系统联合调度规则尤为适用。随着科学技术的不断进步，该领域的研究必将开辟更广阔的发展空间。

第 5 章

基于最优调水、供水过程的
规则提取方法研究

随着我国人口的增长和经济的发展，水资源问题已经成为制约人类生存与可持续发展的瓶颈因素，水资源分布不均匀性与社会需水不均衡性的客观存在使得跨流域调水成为必然。水库群作为跨流域调水工程中主要的水量调蓄设施，其调度是否合理直接关系到跨流域调水工程效益的发挥。水库间调水行为的发生增加了水库群联合调度问题的复杂性，提高了跨流域水库群联合调度规则提取的难度。

就跨流域水库群联合调度规则形式而言，调度图作为指导水库运行的有效工具具有操作简便、直观等优点，在跨流域水库群联合调度中得到运用，包括供水调度图和调水调度图两种规则形式。郭旭宁等针对跨流域供水水库群联合调度存在的主从递阶结构，提出了调水规则和供水规则相结合的跨流域供水水库群联合调度规则。其中，调水规则由一组基于各水库蓄水量的调水控制线表示，根据其间的相对位置关系，决定是否调水、调水量如何分配等；供水规则由各水库供水调度图表示，对应于不同用水户的限制供水线将水库的兴利库容分为若干调度区。在文献［31］基础之上，曾祥等提出了单一受水水库调水启动标准和两个或者多个受水水库调水启动标准，同样以调度图的形式来表示跨流域水库群联合调度规则。彭安邦等在对跨流域调水条件下水库群联合调度图的多核并行计算开展研究时，同样采用供水限制线组成供水调度图和引（调）水限制线组成引（调）水调度图的方式来表示跨流域水库群联合调度图。

就水库群联合调度规则提取方法而言，按照其发展历程可以划分为常规方法、模拟方法、优化方法、模拟—优化方法和其他方法等。其中，每种方法都有其特点及适用性，它们体现着水库调度规则提取方法发展的阶段性。近年来，人工智能演化算法取得了长足的进步，它们一般以随机迭代优化为基本寻优原理，这为基于模拟—优化模式的水库群联合调度规则提取方法创造了条件。模拟—优化方法综合了模拟与优化两种方法的优势，不仅可以对复杂水库系统调度过程进行充分描述，而且有助于降低手工计算量和寻找最优解。模拟—优化方法直接以调度图的基本调度线为决策变量，通过水库的模拟运行结果评价可行解，然后利用智能算法调整调度线位置，直至搜索得到满意的调度图。该方法虽然难以保证得到严格的最优解，但一般可以得到令决策者满意的调度图。这种方法不限于水库调度问题的具体形式，具有较强的适用性，在跨流域水库群联合调度规则提取中也得到广泛应用。

在跨流域水库群联合调度中，包括水库来水、需水和调水、供水决策等在内的诸多方面都存在着广泛的不确定性。集对分析可以较全面地描述水资源系统中的不确定性，郭旭宁等提出了基于集对分析方法的供水水库群联合调度规则，受此启发，本书提出了提取跨流域水库群联合调度规则的集对分析新方法。有别于上述其他水库调度图确定方法，集对分析方法从同、异、反三方面定量刻画水库最优调度决策与待定调度决策（根据水库调度图确定）间的相似性，通过提高两者的联系度，优化确定水库调度图。并以辽宁省东水西调跨流域调水工程为实例，通过与其他方法的比较分析，对集对分析方法的有效性进行验证。

5.1　规则提取的集对分析方法原理

5.1.1　集对分析理论

对不确定性系统中的两个有关联的集合构造集对，对集对的某特性做同一性、差异性、对立性分析，建立集对的同、异、反联系度的分析方法称为集对分析（Set Pair Analysis，SPA），它由赵克勤先生在 20 世纪 80 年代首次提出。SPA 通过联系度表达式展示关系的整体与局部结构，可表达随机性、灰色性、模糊性等多种不确定性。

集对分析理论的基础是集对，所谓集对是指具有一定联系的两个集合所组成的一个对子。设集合 X、Y 组成一个集对 H，记作 $H=(X，Y)$。集对分析的基本思路是：通过分析集对 H 的同一性、差异性和对立性，建立集对 H 在研究问题背景下的联系度表达式，从而刻画事物之间的确定性与不确定性。设集合 X、Y 各有 n 项表征其特性，描述 $H=(X，Y)$ 关系的联系度定义为

$$\mu_{X \sim Y}=\frac{S}{n}+\frac{F}{n}I+\frac{P}{n}J \tag{5-1}$$

其中

$$S+F+P=n$$

式中　S——同一性个数；

　　　　F——差异性个数；

　　　　P——对立性个数；

　　　　I——差异度系数，$I \in [-1，1]$，当 $I=-1$ 或 1 时表示 b 是确定性的，而随着 I 接近 0，b 的不确定性随之增强；

　　　　J——对立系数，$J \equiv -1$；

　　　　$\mu_{X \sim Y}$——集对 $H=(X，Y)$ 的联系度。

记 $a=S/n$，$b=F/n$，$c=P/n$，联系度 $\mu_{X \sim Y}$ 可表示为

$$\mu_{X \sim Y}=a+bI+cJ \tag{5-2}$$

式中　a、b、c——联系度分量，分别为同一度、差异度和对立度，均非负，且 $a+b+c=1$。

式（5-1）、式（5-2）所示的联系度表达式称为同异反联系度或三元联系数。在一些实际问题中，仅对研究对象所处的状态空间作"以一分为三"的划分显得过于粗

糙，不能明确描述问题。因此，根据具体问题可以对联系度的基本表达式作不同层次的扩展，在同一层次上展开形成一种多元联系数。

受众多因素的影响，水文水资源现象变化极其复杂，具有很大的不确定性，表现出随机性、模糊性、灰色性、未确知性、分形、混沌等特性。SPA 基于对立统一和事物普遍联系的观点，对不确定性系统的两个有关联的集合构建集对，为描述水文水资源系统研究对象间的关系提供了一种新途径。目前，集对分析在水文水资源分析计算、水文水资源评价、水文水资源预测和决策中得到了广泛应用。

5.1.2　调水规则提取的集对分析原理

如图 3-1 所示，通过跨流域调水工程相互联系的三库水库群涵盖了跨流域水库群联合调度中的调水、分水、供水等决策问题，本书以此为例对调水规则提取的集对分析原理进行介绍。在图 3-1 中，水库②作为水源水库在承担向自身用水户供水任务的同时，向受水水库①和水库③调水。水库①和水库③在接纳自身天然入库来水和外调水量的同时，各自向用水户供水。

针对图 3-1 所示的跨流域三库水库群，文献［31］中提出了跨流域水库群联合调度规则，如图 3-2 所示。其中，调水规则采用基于调水控制线的水库群调水规则，进而反映调水时水库间的动态关系。其中，调水规则主要确定水源水库②什么时候向外调水，调多少水，调水量如何在受水水库①和水库③之间进行分配，本书采用这种规则形式表述跨流域水库群调水规则。

调水规则的具体判断流程如下：

（1）当水库②蓄水量高于水库②调水控制线时，表示水库②有足够的水量可以向外调水。但此时，还需关注水库①和水库③的蓄水量，即水库①和水库③是否接受来自水库②的调水。

情况一：当水库①和水库③的蓄水量均低于各自的调水控制线时，说明水库①和水库③蓄水量偏少，需要水库②调水补充，则调水启动。水库②按管道最大输水能力向外调水，水库①与水库③则按一定比例系数分配调水。

情况二：当水库①与水库③中的某个水库需要调水（即受水水库蓄水量处于调水控制线的下方），另外一个不需要调水时，自水库②按管道最大输水能力的调水量全部调入需要调水的水库，另一个水库则不调水。

情况三：如果水库①、水库③调水控制线均高于各自水库蓄水量，说明水库①、水库③蓄水位偏高，均不需要调水，则不发生调水。

（2）当水库②蓄水量低于水库②调水控制线时，表示水库②没有足够的水量可以向外调水，无论水库③、水库①蓄水情况怎样，均不发生调水；完整的调水判断流程如图 5-1 所示。

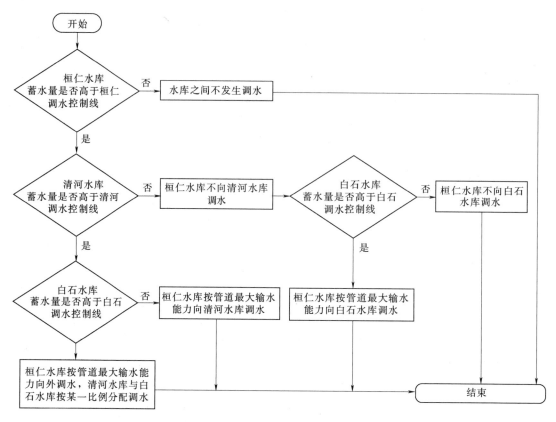

图 5-1   跨流域水库群调水判断流程图

为了清楚说明水库②向水库①与水库③调水的判断规则,特将水库②蓄水量高于其调水控制线时的调水判断规则列于表 5-1。

表 5-1   当水库②蓄水量高于其调水控制线时的调水判断规则

判断水库①蓄水量是否高于其调水控制线	判断水库③蓄水量是否高于其调水控制线	
	是	否
是	水库②按管道最大输水能力向外调水,水库③与水库①按一定比例分配调水	水库②按管道最大输水能力向水库①调水,不向水库③调水
否	水库②按管道最大输水能力向水库③调水,不向水库①调水	水库②不调水

本书采用第 3 章提出的利用 0-1 规划方法对跨流域水库群联合调度问题进行描述并建立优化模型,进而确定跨流域水库群最优调水、供水过程的方法,得到跨流域水库群最优调水、供水决策。其中,最优调水决策可以通过调水量的多少逐水库进行判定。从上述调水决策的制定过程来看,水源水库调出水量为零时,调水行为没有发生,当水源水库调出水量为最大调水量时,即发生调水;当受水水库调入水量为零时,调水行为

没有发生，当受水水库调入水量大于零时（或是按最大调水能力的调入水量，或是按最大调水能力的某一分配比例的调入水量），即发生调水。根据上述分析，可以发现通过 0-1 规划方法确定的跨流域水库群最优调水决策与待定调水调度图确定的调水决策可以实现完全对应。根据 0-1 规划方法确定的水库调水决策 θ 的判定方法为

$$\begin{cases} \theta=1 & DS_i=0 \\ \theta=2 & DS_i>0 \end{cases} \tag{5-3}$$

式中　DS——水库 i 的调入（出）水量；

　　　θ——根据 0-1 规划方法确定的调水决策类别，$\theta=1$ 表示未发生调水，$\theta=2$ 表示发生调水。

根据 0-1 规划方法确定的水库某一蓄水状态具备两种属性，即对应于 0-1 规划方法的调水决策 θ 和对应于待定调水调度图的调水决策 ξ，它们构成一组集对 $H=(\xi, \theta)$。如图 5-2 所示，采用不同符号表示的调水决策代表了对应于 0-1 规划方法得到

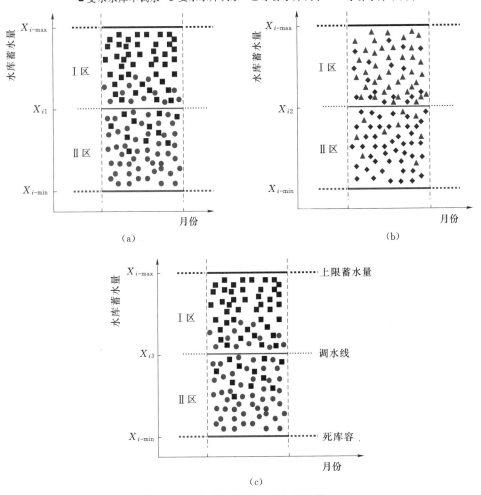

图 5-2　水库调度图集对分析示意图

的调水决策 θ，该决策对应的水库蓄水量在调度图中的位置又与调水决策 ξ 对应。同一蓄水状态在两种方法下的供水决策可能并不一致。由于 0-1 规划方法下的调水决策 θ 是相对最优的，那么根据待定调度图确定的水库同一蓄水状态下的调水决策 ξ 与 θ 越接近，调度图也就越接近最优。

采用集对分析方法确定水库调度图时，不需要根据拟定的调度图模拟长时序的水库运行过程。当水库的来水、用水过程确定时，按调度图确定的调水决策 ξ 主要取决于每条调度线的具体位置。那么，通过调整调度线位置，使待定水库调度图下的调水决策 ξ 与 0-1 规划方法下的调水决策 θ 间的联系数 $\mu_{\theta\sim\xi}$ 最大，可以得到最优水库调度图。本书亦采用"紧凑梯形式"的函数公式确定联系数 $\mu_{\theta\sim\xi}$，水源水库调水决策计算公式为

$$\mu_{\theta_1\sim\xi}=\begin{cases}1-\dfrac{2(x-X_{i1})}{X_{i\text{-max}}-X_{i1}} & X_{i1}<x\leqslant X_{i\text{-max}}\\[2mm]1 & X_{i\text{-min}}\leqslant x\leqslant X_{i1}\end{cases} \qquad (5-4)$$

$$\mu_{\theta_2\sim\xi}=\begin{cases}1 & X_{i1}<x\leqslant X_{i\text{-max}}\\[2mm]1-\dfrac{2(x-X_{i1})}{X_{i\text{-min}}-X_{i1}} & X_{i\text{-min}}\leqslant x\leqslant X_{i1}\end{cases} \qquad (5-5)$$

式中　$\mu_{\theta_1\sim\xi}$、$\mu_{\theta_2\sim\xi}$——按 0-1 规划方法确定水源水库第 1、第 2 种调水决策与同一蓄水量按调度图确定的调水决策 ξ 间的联系数；

x——水库蓄水量；

$X_{i\text{-max}}$、$X_{i\text{-min}}$——水库死库容与水库上限蓄水量；

X_{i1}——水源水库调水线位置，是需要优化的变量；

i——一年中的第 i 个调度时段。

受水水库调水决策计算方法与水源水库相反，具体计算方法为

$$\mu'_{\theta_1\sim\xi}=\begin{cases}1 & X_{i1}<x\leqslant X_{i\text{-max}}\\[2mm]1-\dfrac{2(x-X_{i1})}{X_{i\text{-min}}-X_{i1}} & X_{i\text{-min}}\leqslant x\leqslant X_{i1}\end{cases} \qquad (5-6)$$

$$\mu'_{\theta_2\sim\xi}=\begin{cases}1-\dfrac{2(x-X_{i1})}{X_{i\text{-max}}-X_{i1}} & X_{i1}<x\leqslant X_{i\text{-max}}\\[2mm]1 & X_{i\text{-min}}\leqslant x\leqslant X_{i1}\end{cases} \qquad (5-7)$$

式中　$\mu'_{\theta_1\sim\xi}$、$\mu'_{\theta_2\sim\xi}$——按 0-1 规划方法确定的受水水库第 1、第 2 种调水决策与同一蓄水量按调度图确定的调水决策 ξ 间的联系数。确定水源水库调度图第 i 个调度时段调水调度线位置的集对分析模型可表示为

$$\omega_{\max} = \frac{1}{m} \sum_{k=1}^{2} \sum_{j=1}^{n_k} \mu_{\theta_k \sim \xi}^{j}$$

$$X_{i\text{-}\min} \leqslant X_i \leqslant X_{i\text{-}\max} \qquad\qquad (5-8)$$

$$m = \sum_{k=1}^{2} n_k$$

式中　k——调水决策 θ 的类别；

$\quad n_k$——在调度序列中每年第 i 个时段的调水决策 θ 中属于第 k 种决策的水库蓄水状态数目；

$\quad m$——水库调度序列年数；

$\quad \theta_k$——根据 0-1 规划方法确定的调水决策 θ 中的第 k 种决策；

$\quad \mu_{\theta_k \sim \xi}^{j}$——第 j 种蓄水状态对应两种调水决策的联系数。

受水水库调度图第 i 个调度时段调水调度线位置的集对分析模型与式（5-8）类似。

5.1.3　供水规则提取的集对分析原理

由于社会经济发展的需要，水库的运用正从单一目标供水为主向包括生活、工业、灌溉甚至生态环境在内的多目标供水转变，且各供水目标的优先级和保证率都不同。本书以负责生活、工业和农业供水的单一水库为例，根据供水目标优先级和保证率的高低，制定水库供水调度图和供水决策。水库供水调度图由各用水户的限制供水线构成，3 条限制供水线将水库的兴利库容划分为 4 个调度区，如图 5-3 所示。在水库运行过程中，根据当前水库蓄水状态所处的调度区，按表 5-2 给出的供水决策进行供水。由表 5-2 可知，供水调度图对 3 个用水户的供水决策包括 4 类，随着水库蓄水量的减小依次对农业、工业和生活需水进行限制供水。

表 5-2　　　　　　　　　　单一水库调度图供水决策

调度区	供水决策类别	供 水 决 策 分 量		
		农业需水（D_1）	工业需水（D_2）	生活需水（D_3）
Ⅰ区	1	D_1	D_2	D_3
Ⅱ区	2	$\alpha_1 D_1$	D_2	D_3
Ⅲ区	3	$\alpha_1 D_1$	$\alpha_2 D_2$	D_3
Ⅳ区	4	$\alpha_1 D_1$	$\alpha_2 D_2$	$\alpha_3 D_3$
限制供水系数		α_1	α_2	α_3

本书采用第 3 章提出的利用 0-1 规划方法对跨流域水库群联合调度问题进行描述并建立优化模型进而确定跨流域水库群最优调水、供水过程的方法，得到跨流域水

库群最优调水、供水决策。其中，最优供水决策依照调度图分区和限制供水系数制定，可以与待定供水调度图供水决策实现完全对应，即可划分为如表 5-2 所示的 4 种供水决策。根据 0-1 规划方法确定的水库供水决策 θ 的判定方法为

$$
\begin{cases}
\theta=1 & QS=0 \\
\theta=2 & QS=(1-\alpha_1)D_1 \\
\theta=3 & QS=(1-\alpha_1)D_1+(1-\alpha_2)D_2 \\
\theta=4 & QS=(1-\alpha_1)D_1+(1-\alpha_2)D_2+(1-\alpha_3)D_3
\end{cases}
\tag{5-9}
$$

式中　　QS——时段缺水量；

　　　　θ——供水决策类别；

D_1、D_2、D_3——农业、工业、生活需水；

α_1、α_2、α_3——农业、工业、生活限制供水系数。

根据 0-1 规划方法确定的水库某一蓄水状态具备两种属性，即对应于 0-1 规划方法的供水决策 ω 和对应于供水调度图的供水决策 υ，它们构成一组集对 $H=(\omega,\upsilon)$。如图 5-2 所示，采用不同符号表示的供水决策代表了对应于 0-1 规划方法得到的供水决策 ω，该决策对应的水库蓄水量在调度图中的位置又与供水决策 υ 对应。同一蓄水状态在两种方法下的供水决策可能并不一致。由于 0-1 规划方法下的供水决策 ω 是相对最优的，那么根据调度图确定的水库同一蓄水状态下的供水决策 υ 与 ω 越接近，调度图也就越接近最优，如图 5-3 所示。

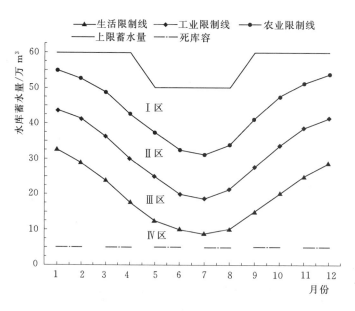

图 5-3　单一水库供水调度图示意图

采用集对分析方法确定水库供水调度图，不需要根据拟定的调度图模拟长时序的水库运行过程如图5-4所示。

当水库的来水、用水过程确定时，按调度图确定的供水决策υ主要取决于每条调度线的具体位置。那么，通过调整调度线位置，使供水调度图下的供水决策υ与0-1规划方法下的供水决策ω间的联系数$\mu_{\omega\sim\upsilon}$最大，可以得到最优供水调度图。本书亦采用"紧凑梯形式"的函数公式确定联系数$\mu_{\omega\sim\upsilon}$，即

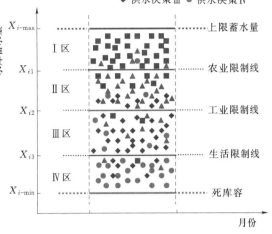

图5-4 水库调度图集对分析的示意图

$$\mu_{\omega_1\sim\upsilon}=\begin{cases}1 & Y_{i1}<y\leqslant Y_{i\text{-max}}\\1-\dfrac{2(y-Y_{i1})}{Y_{i2}-Y_{i1}} & Y_{i2}<y\leqslant Y_{i1}\\-1 & y\leqslant Y_{i2}\end{cases}\tag{5-10}$$

$$\mu_{\omega_2\sim\upsilon}=\begin{cases}1-\dfrac{2(y-Y_{i1})}{Y_{i\text{-max}}-Y_{i1}} & Y_{i1}<y\leqslant Y_{i\text{-max}}\\1 & Y_{i2}<y\leqslant Y_{i1}\\1-\dfrac{2(Y_{i2}-y)}{Y_{i2}-Y_{i3}} & Y_{i3}<y\leqslant Y_{i2}\\-1 & y\leqslant Y_{i3}\end{cases}\tag{5-11}$$

$$\mu_{\omega_3\sim\upsilon}=\begin{cases}-1 & Y_{i1}<y\leqslant Y_{i\text{-max}}\\1-\dfrac{2(y-Y_{i2})}{Y_{i1}-Y_{i2}} & Y_{i2}<y\leqslant Y_{i1}\\1 & Y_{i3}<y\leqslant Y_{i2}\\1-\dfrac{2(Y_{i3}-y)}{Y_{i3}-Y_{i\text{-min}}} & Y_{i\text{-min}}<y\leqslant Y_{i3}\end{cases}\tag{5-12}$$

$$\mu_{\omega_4\sim\upsilon}=\begin{cases}-1 & y>Y_{i2}\\1-\dfrac{2(y-Y_{i3})}{Y_{i2}-Y_{i3}} & Y_{i3}<y\leqslant Y_{i2}\\1 & Y_{i\text{-min}}<y\leqslant Y_{i3}\end{cases}\tag{5-13}$$

式中 $\mu_{\omega_1\sim\upsilon}$、$\mu_{\omega_2\sim\upsilon}$、$\mu_{\omega_3\sim\upsilon}$、$\mu_{\omega_4\sim\upsilon}$——按0-1规划方法确定的第1～第4种供水决策

与同一蓄水量按调度图确定的供水决策 υ 间的联系数；

y——水库蓄水量；

$Y_{i\text{-max}}$、$Y_{i\text{-min}}$——水库死库容与水库上限蓄水量；

Y_{i1}、Y_{i2}、Y_{i3}——农业、工业、生活限制供水线位置，是需要优化的变量；

i——一年中的第 i 个调度时段。

确定水库调度图第 i 个调度时段供水调度线位置的集对分析模型可表示为

$$
\begin{aligned}
&\omega_{\max} = \frac{1}{m} \sum_{k=1}^{4} \sum_{j=1}^{n_k} \mu_{\omega_k \sim \upsilon}^{j} \\
&Y_{i\text{-max}} \geqslant Y_{i1} \geqslant Y_{i2} \geqslant Y_{i3} \geqslant Y_{i\text{-min}} \\
&m = \sum_{k=1}^{4} n_k
\end{aligned}
\tag{5-14}
$$

式中　k——供水决策 ω 的类别；

$\quad n_k$——在调度序列中每年第 i 个时段的供水决策 ω 中属于第 k 种决策的水库蓄水状态数目；

$\quad m$——水库调度序列年数；

$\quad \omega_k$——根据 0-1 规划方法确定的供水决策 ω 中的第 k 种决策；

$\quad \mu_{\omega_k \sim \upsilon}^{j}$——$\omega_k$ 内第 j 种蓄水状态对应两种供水决策的联系数。

5.2　实例应用

5.2.1　研究对象

以本书得到的跨流域水库群最优调水、供水过程为数据样本，提取最优调度规则，因此本章仍以辽宁省东水西调北线工程三座大型水库（桓仁-清河-白石）为例，开展实例研究。

各水库多年平均月（旬）入库水量和需水量情况已在第 3 章做过分析，在此不再赘述。在该调水系统中，各水库调水、供水过程协同配合，彼此行为连续、动态。采用集对分析方法提取跨流域水库群调水规则和供水规则时，各水库各规则独立进行，其原理是通过分别优化提高各规则下调度决策与最优决策间的联系度，实现规则的优化。因此，在通过集对分析方法确定各规则之后，还需要将各规则放到模拟模型中进行微调，以保证各规则间的连续性和实用性，最终得到基于集对分析的跨流域水库群最优调度规则。辽宁省东水西调北线工程三座大型水库的调水规则和供水规则优化提取模型如式（5-8）和式（5-14）所示。

5.2.2 结果分析与讨论

为了探讨集对分析方法在提取跨流域水库群调、供水规则的有效性和合理性，本书将基于0-1规划方法得到的最优化调度过程调节成果与基于模拟—优化方法提取水库群联合调度规则下的调节成果进行对比分析，具体见表5-3。经对比分析可以发现，通过模拟—优化方法和集对分析方法得到的水库群系统调节计算成果在供水保证率方面稍逊于基于0-1规划方法得到的最优化调度过程调节成果，在水量平衡调节方面各调节项相差不多。

表5-3 水库群（多年平均）径流最优化调节计算成果表

方案	水库	调水量 /亿 m³	供水量/亿 m³				蒸发渗漏损失/亿 m³	弃水量 /亿 m³	直供工业保证率/%	农业保证率/%
			直供工业	农业	苇田	其他供水				
最优调度过程	清河	8.12	3.92	3.93	2.95	0.84	0.34	0.92	95.05	76.21
	桓仁	10.88	9.12	0	0	0	0.64	15.58	95.62	—
	白石	2.76	4.62	0	1.06	1.87	0.81	1.42	95.36	75.84
模拟优化方法	清河	7.53	3.81	3.86	2.86	0.67	0.28	0.83	93.02	71.69
	桓仁	10.08	8.42	0	0	0	0.65	17.07	94.30	—
	白石	2.55	4.48	0	0.98	1.71	0.82	1.58	92.18	67.92
集对分析方法	清河	7.86	3.87	3.89	2.91	0.73	0.31	0.93	94.86	75.47
	桓仁	10.15	8.67	0	0	0	0.67	16.73	95.04	—
	白石	2.29	4.46	0	0.95	1.64	0.72	1.54	94.93	73.58

跨流域调水系统各水库调水调度图如图5-5所示，各水库供水调度图如图5-6所示。

跨流域调水系统由清河水库调水调度图、桓仁水库调水调度图和白石水库调水调度图构成。当桓仁水库蓄水量高于其调水控制线时，表明桓仁水库有能力向外调水；当桓仁水库蓄水量低于其调水控制线时，表明桓仁水库此时无水可调，无论清河水库和白石水库蓄水量如何都不能向外调水。当桓仁水库有能力向外调水时，还要再观察清河水库蓄水量和白石水库蓄水量与其各自调水控制线间的关系。若清河水库蓄水量和白石水库蓄水量均低于各自调水控制线，这时桓仁水库向外调水，并按照4∶6的比例向清河水库和白石水库进行调水分配。若清河水库和白石水库中只有一个水库蓄水量低于其调水控制线，这时桓仁水库向外调水，并将水量全部充入需要调水的水库。从图 5-5 中可以看出，桓仁水库调水线整体偏低，有利于向外调水，清河水库和白石水库向下凹处错开，便于两水库调水时间相互错开，避免调水时机发生冲突，进而实现各自调水目标。

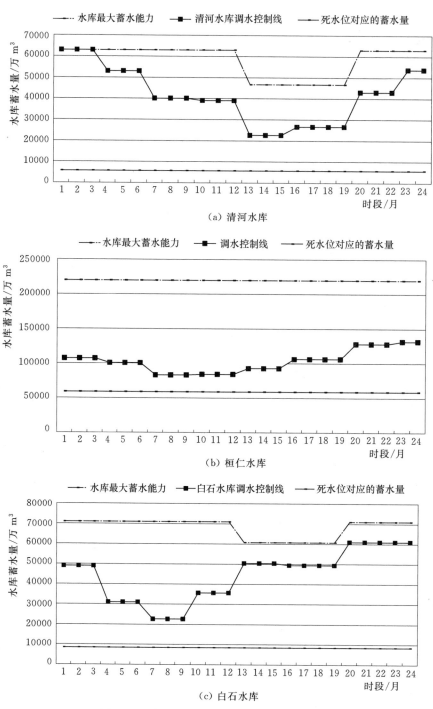

（a）清河水库

（b）桓仁水库

（c）白石水库

图 5-5　跨流域调水系统各水库调水调度图

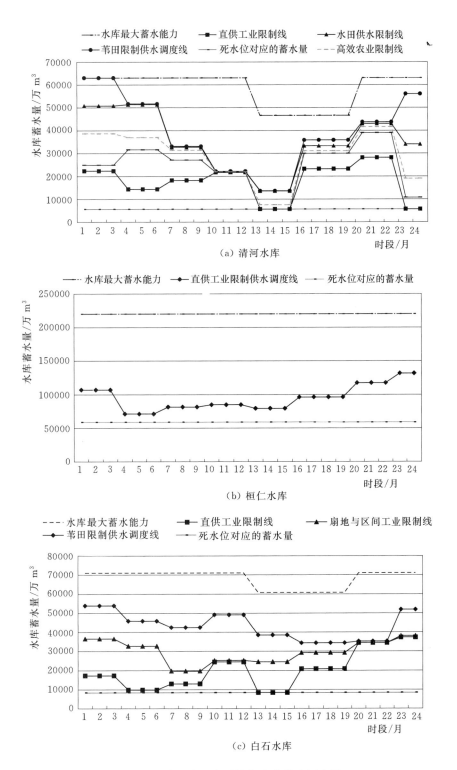

图 5-6 跨流域调水系统各水库供水调度图

　　跨流域调水系统中各水库供水调度图如图5-6所示，包括桓仁水库供水调度图、清河水库供水调度图和白石水库供水调度图。其中，桓仁水库供水调度图最为简单，因为其只对应直供供水这一个供水任务。随着供水任务的增加，清河水库和白石水库的供水调度图逐渐变得复杂。由图5-6可以看出，清河水库和白石水库供水调度图呈"凹"字形特征，这与两水库供水任务较多、非汛期增加限制供水机会、减少供水量、保留一定水量度过枯水期有密切关系，在汛期水库来水量较为充沛，可以按需足量供水，减少水库过多弃水。

　　为了分析跨流域水库群联合调度结果的合理性，本书根据集对分析得到的桓仁水库、清河水库和白石水库的水库群联合调度规则（如图5-7和图5-8所示）进行调度的各水库蓄水量变化过程和弃水过程如图5-7所示。从图中可见，各水库蓄水量随着水库来水丰枯变化和需水过程随时间呈现周期性波动，各水库弃水发生年份也大致相同，均在各水库蓄水位较高时段发生，这与跨流域调水系统增加各流域水系间的互联互通密切相关。

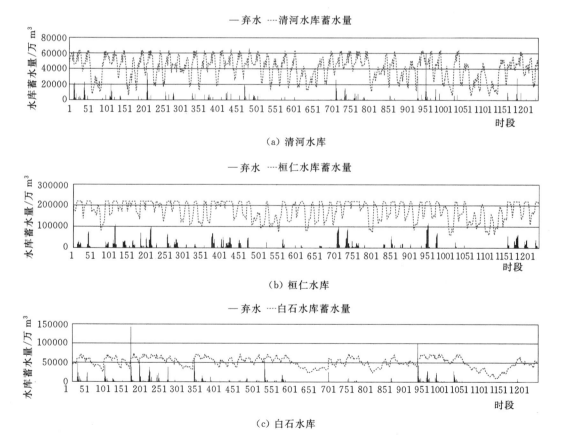

（a）清河水库

（b）桓仁水库

（c）白石水库

图5-7　跨流域调水系统各水库蓄水量变化过程与弃水过程曲线图

5.3 本章小结

鉴于跨流域水库群联合调度中包括水库来水、需水和调、供水决策等在内的诸多方面都存在着广泛的不确定性，集对分析可以较全面地描述水资源系统中的不确定性，本书提出了提取跨流域水库群联合调度规则的集对分析新方法。有别于其他水库调度图确定方法，集对分析方法从同、异、反三方面定量刻画水库最优调度决策与待定调度决策（根据水库调度图确定）间的相似性，通过提高两者的联系度，来优化确定水库调度图。并以辽宁省东水西调跨流域调水工程为实例，通过与其他方法的比较分析，对集对分析方法的有效性进行了验证。

第6章

基于逐步优化的跨流域复杂水库群联合调度规则建模与求解

当前，我国水资源时空分布与社会经济发展布局还不够匹配，一些地区水资源承载能力和调配能力不足。为解决不同时空格局上的水资源供需矛盾，我国正在大力推进江河湖库水系连通工作。从国家层面上，以南水北调为代表，形成了"四横三纵，南北调配，东西互济"的河湖水系连通总体格局。从区域层面上，多以国家骨干连通工程为依托，以区域内水库、湖泊为调蓄中枢，通过建设必要的跨流域调水工程，形成"互连互通、相互调剂"的区域层面跨流域调、供水网。

水库群作为水网工程的关键调蓄设施，调度结果直接关系到水资源时空配置的效果和水利工程效益的发挥，因此，众多学者对跨流域调水问题进行了探索。Dosi 和 Moretto 分析了调水风险与调水水库蓄水能力之间的关系，认为未来可调水量的不确定性越高，需要水库的调节能力越大。Bonacci 等研究了跨流域调水工程和水库兴建对河流水文情势的影响，这为跨流域调水工程的环境影响评价提供了重要参考。郭元裕等提出了南水北调工程规划调度决策的多种分析方法，确定了南水北调东线和中线工程的调水规模与工程调度规则等。杨春霞对大伙房跨流域引水工程开展研究，采用长系列法编制水库兴利调度图。曾祥等提出了以水源水库和受水水库蓄水状态为判定条件的调水启动标准。尽管国内外学者在水库群联合调度及优化方面取得了一系列的成果，但对跨流域调、供水工程中复杂水库群联合调度问题的认识依然不够清晰，缺乏深入的研究。

跨流域水库群系统结构复杂，水库数目众多，且每个水库都有相应的调度规则，使得优化调度模型决策变量数目剧增，从而增加了水库群联合调度规则优化确定的难度。目前，各种优化方法和现代启发式搜索算法已逐渐应用于该类问题的求解，如动态规划法、SCE - UA 算法、粒子群算法（PSO）、逐步优化算法（POA）等。本书以供水调度图和调水控制线为联合调度规则形式，构建优化调度模型，添加考虑供水调度图先验形状特性的约束条件。针对粒子群算法过早收敛且易陷入局部最优解的缺点，提出一种借鉴逐步优化和分解协调算法思想的逐库优化粒子群算法，以辽宁省某大型跨流域复杂水库群联合调度系统为例，验证模型的合理性和算法的有效性。

6.1　跨流域调水、供水联合优化调度规则与模型

6.1.1　调度规则表达形式

随着社会经济发展的需要，水库供水从单一的目标向工业、农业和生态环境等多目标转变，这些供水目标的优先级和保证率都不同。对于跨流域调水工程，水库的调

度规则不仅包括各个用水目标的供水规则，还包括如何从水源水库调水的引水决策规则以及受水区水库的分水规则。跨流域调水工程的优化调度需要对模型的调水规则和供水规则进行准确描述，使系统中入库径流及工程参数各不相同的水库通过合理调度，发挥其"库容补偿"和"水文补偿"作用，从而提高水库群系统的综合效益。调度图因具有简单实用、易操作等优点，成为目前普遍使用的调度方式之一。水库群联合调度图规则主要有以下两种：

（1）在单库调度图的基础上加上联合调度规则或调度线将各库联系起来。

（2）将水库群聚合成虚拟等效水库，根据聚合水库调度图确定水库群的总供水，再通过分水规则对各库进行调节计算。

本书采用调水规则和供水规则相结合的跨流域供水水库群联合调度规则，其中调水规则由一组基于受水水库和水源水库蓄水量的调水控制线表示，供水规则由不同用水目标优先级和设计保证率指导的各用水户限制供水线表示。

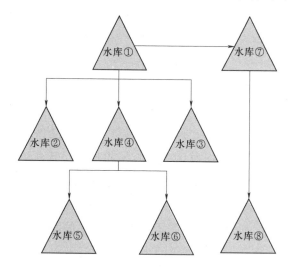

图 6-1 跨流域调水水库群示意图

调水规则根据各库蓄水量与其调水控制线的相对位置决定是否调水及调水量的分配，如图 6-1 所示。水库群系统由八座水库组成，水库①处于系统最上游，入库径流较大，为系统中其他水库的调水水源，该库可向水库②、水库③、水库④、水库⑦调水，同时，水库④又可向水库⑤、水库⑥调水，水库⑦可向水库⑧调水，因此，水库④、水库⑦同时为受水水库和水源水库。对于调水量在受水区的分配可采用比例系数法、补偿调节法和优先序法。经过实验对比，本书采用优先序法，根据优化效果确定调水先后顺序。

根据规范和相关要求，不同用水户因其供水目标不同，对供水的保证率要求不同，使得同一时刻限制供水线存在相对高低之分，如图 3-3 所示。三条限制供水线将水库兴利库容划分为四个调度区，Ⅰ区为供水保证区，三类用水户均正常供水；Ⅱ区为 D1、D2 供水保证区，D3 供水破坏区，D1、D2 正常供水，D3 限制供水；Ⅲ区为 D1 供水保证区，D2、D3 供水破坏区，D1 正常供水，D2、D3 限制供水；Ⅳ区为供水破坏区，三类用水户均限制供水。在水库运行过程中，根据当前水库蓄水状态所处分区相应地进行供水，由供水保证率从高到低的顺序可确定出水库为各用户供水的优先顺序，通过用水特性及其影响程度分析可进一步确定出各用水户的允许破坏深度和限制供水系数。

6.1.2 跨流域调水、供水优化调度模型

水库群调度模型在考虑一定调度规则的情况下，为使模型具有较好的仿真性，并提供更多的决策信息，采用模拟方法进行逐时段的调度模拟，以此统计得到的相应运行指标。

以统计指标的某种函数形式为目标函数，以水库水量平衡方程、水库特征曲线等为约束条件，再应用某种优化算法对调度模型进行求解，得到水库调度规则及与之对应的各时段水库供水过程，具体形式如下：

（1）目标函数。水库群对各用水户供水保证率接近设计供水保证率，同时系统年均弃水量最小，模型采用权重系数法将供水目标及调水弃水目标赋予不同的权重，将其转化为单目标，即

$$w_1 \sum_i^n c_{ij} (rel_{ij} - rel_j)^2 + w_2 \sum_i^n Q_i = w_1 P + w_2 T \qquad (6-1)$$

式中　　　n——系统中的水库数量；

rel_{ij}——优化—模拟模型计算得出的第 i 个水库对第 j 类用水户的供水保证率；

rel_j——第 j 类用水户的设计供水保证率，城市工业生活、农业、生态用水户的设计供水保证率依次为 95%、75%、50%；

Q_i——模型水库群累积弃水量，m^3/a；

c_{ij}、w_1、w_2——反映不同目标间重要程度的权重系数，在计算过程中动态调整 w_2，使供水保证率与库群弃水量保持同一数量级；

P——综合供水保证率；

T——系统年均弃水量。

（2）决策变量。各库调水线与供水线的位置。

（3）约束条件。①水量平衡方程；②水库调入、调出水量不超过该库的放水能力和渠道的输水能力；③水库蓄水不超过其蓄水能力的上、下限要求；④水库库容—面积—水位特征曲线；⑤不同用水户供水线相对位置约束，对供水质量要求越高的用水户限制供水线位置相对越低；⑥供水线先验形状约束。

供水线的形状约束是指为了避免限制供水线出现变化过于剧烈或违背调度规律的现象，线形采用根据先验知识而确定的 V 形线。通常情况下，在汛期应尽量让水库多放水，从而充分利用汛期来水，避免不必要的弃水；在枯水期应适当减少放水，避免来年汛前发生大量缺水。即限制供水线在汛期较低，降低限制供水的机会；枯水期较高，增加限制供水的机会；整条供水线呈 V 形，如图 3-3 所示。

6.2　求解算法

调度图的优化确定问题是典型的多约束非线性优化问题，目标函数可认为是由调度图模拟模块和结果统计模块组成，而约束条件就是调度图自身所反映的线与线、点与点之间的相互制约关系。传统的粒子群算法因算法本身具有的随机性，存在搜索精度不高和易于陷入局部最优解的缺点，常常发生过早收敛、后期收敛缓慢的现象。因此，本书提出用逐库优化粒子群算法（PRA－PSO）对跨流域水库群优化调度问题求解，该算法以基本粒子群算法优化原理为基础，逐步优化单个或两个水库的调度规则，以降低单次优化变量的维数，从而提高其搜索全局最优解的能力。具体求解步骤如图 6－2 所示。

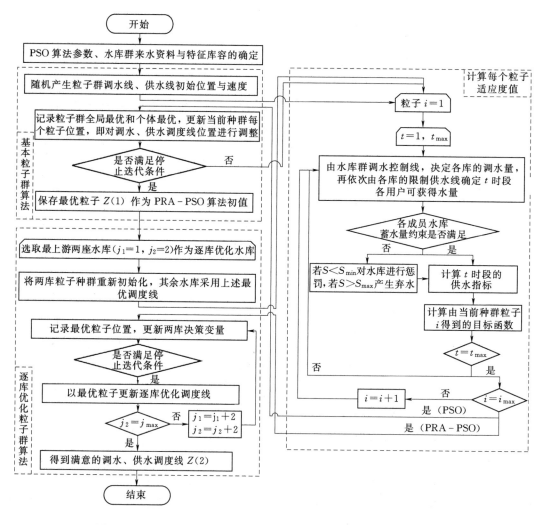

图 6－2　基于 PRA－PSO 算法的复杂水库群联合调度规则优化流程

（1）由 PSO 算法在可行域内初步确定一组初始决策变量 $Z(0)$，根据该组决策变量确定的调度规则指导水库群调度，模拟长系列的调水和供水过程，并统计用水户的供水保证率及弃水量等指标。

（2）将上述指标反馈给 PSO 算法，作为该组决策变量的适应度值。

（3）采用线性递减权重（Linearly Decreasing Weight）策略对决策变量进行调整，重复上述步骤进行迭代，直到满足条件，保持群体最优决策作为 PRA-PSO 算法决策初值 $Z(1)$。

（4）选取系统中最上游、作为调水水源的两座水库，对其中供水保证率不满足要求的重新生成决策变量，维持其余水库调度线不变，基于模拟—优化模式采用粒子群算法得到双库最优调度线，更新 $Z(1)$ 中已优化的水库群调度线。

（5）根据调水优先序及水库相对地理位置，选取下一轮优化的两个水库，同样采用粒子群算法得到相应最优调度线，更新调度图，直至所有水库均达到最优。

（6）本书依次按 1/3 库、2/4 库、5/6 库、7/8 库的调水顺序进行串行优化，逐步优化水库群各库调度线，直至满足迭代次数，得到最优调度规则 $Z(2)$。

6.3 实例应用

6.3.1 辽宁省水库群调度系统

辽宁省跨流域三线联合调水系统由分处不同流域的八座大型水库构成（图6-1），涉及省内大中型河流十余条，分北线、中线及南线，三线联调区域涉及的城市、农业及生态供水和补水范围基本覆盖辽宁省全境。其中：北线联调系统包括水库①～水库⑥等六座骨干蓄水水库，中线联调系统以水库⑦为核心，南线联调系统以水库⑧为核心，各个水库工程参数见表6-1及图6-3。

表 6-1 　　　　　　　　　　辽宁三线联调骨干工程参数

水库序号	控制面积/km²	防洪限制水位/m	最大库容/亿 m³	正常蓄水位/m	正常库容/亿 m³	死水位/m	死库容/亿 m³	供水任务	调水
水库①	10364	301.14	34.62	301.14	22.00	291.14	13.80	Ⅰ，Ⅳ	调出
水库②	2376	127.00	9.71	131.00	6.30	109.70	0.56	Ⅰ，Ⅱ，Ⅲ	调入
水库③	1355	104.00	6.14	108.00	3.52	84.00	0.16	Ⅰ，Ⅱ，Ⅲ	调入
水库④	17649	125.60	13.38	127.00	7.10	108.00	0.85	Ⅰ，Ⅱ，Ⅲ	调入、调出
水库⑤	3029	59.60	7.91	60.00	6.60	41.00	0.25	Ⅰ	调入
水库⑥	1650	85.70	6.61	85.70	3.25	68.00	0.22	Ⅰ，Ⅱ	调入
水库⑦	5437	126.40	22.68	131.50	17.78	108.00	1.41	Ⅰ，Ⅱ，Ⅲ，Ⅳ	调入、调出
水库⑧	2085	68.10	9.34	69.00	7.14	47.00	0.70	Ⅰ	调入

注　Ⅰ—城市工业生活；Ⅱ—农业灌溉；Ⅲ—生态环境；Ⅳ—其他供水。

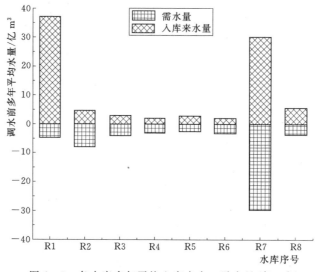

图 6-3　各水库多年平均入库来水、需水量/亿 m³

本书以水库群 52 年（1956—2007 年）长系列天然入库径流作为模型输入资料，结合水库设计用水和用水户需水信息确定模型计算需水，将一个水利年划分为 24 个时段，4—9 月以旬、其余时间以月为计算时段，汛期为 7 月上旬—9 月上旬。为避免相邻时段调度线（调水控制线与限制供水线）位置剧烈移动给实际操作带来不便，考虑到调度结果对丰水月份调度线位置较敏感，在该实例研究中，12 月至次年 2 月、2—6 月以及 7 月调度线位置均分别用一个变量表示，其他月份都是四个连续时段用一个变量表示。依据算法经验及多次测试结果统计对初始参数赋值，为了验证算法的有效性，分别用 PSO 算法和 PRA-PSO 算法进行模拟优化，保持两者的参数（如总群规模取 100，迭代总次数取 600 等）设置相同，进行优化计算。

6.3.2　调度结果分析

图 6-4 比较了两种不同策略下水库群系统综合供水保证率的 20 次进化过程，从中可以看到 PSO 算法基本在 100 代左右达到收敛，后期多在局部区域寻求最优，改进不明显，平均综合供水保证率收敛于 0.205，这说明调度模型是一个复杂多峰搜索问题，使得粒子群算法过早熟。其中有一次进化过程的综合供水保证率达到了 0.144，远偏离平均值，说明该算法寻优具有很大的随机性。相反，PRA-PSO 算法的寻优过程呈阶梯状，算法设计过程中前 200 代为传统 PSO 算法，然后逐步串行优化运行，每次运行 100 代，对个别水库的优化可以使得粒子群跳出局部最优解，寻找更好的结果。相比传统粒子群算法，虽然 PRA-PSO 算法在进化过程综合供水保证率的偏差较大，但最终收敛结果较集中，平均综合供水保证率收敛于 0.045，相比 PSO 算法 P 值改进了 78%，效果明显，具有更好的全局搜索能力，稳定性也有所增强。图 6-5 比较了两种策略下水库群系统的

年均弃水量的多次进化过程，由图可知，PRA-PSO算法寻得的年均弃水量较PSO算法小，结果集中程度也较好，但总体差异不大，最终年均弃水量约为3.5亿 m³。

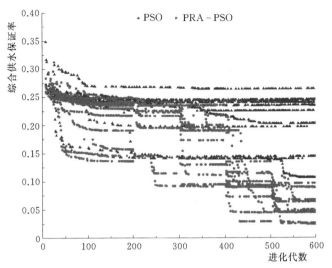

图 6-4　两种策略下综合供水保证率的进化过程

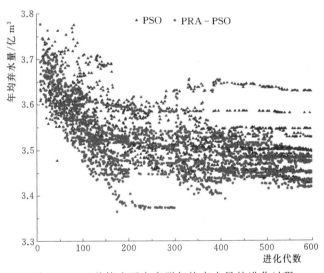

图 6-5　两种策略下水库群年均弃水量的进化过程

图 6-6 所示为系统内八个水库不同用水户的供水保证率进化过程，图例"1/0.95"表示水库①的城市工业生活用水户的实际供水保证，该用户对应的设计供水保证率为 0.95，其他以此类推。从图中可以看到，供水保证率值在进化过程中不断波动变化，当其达到设计保证率后维持稳定，不再改变。200 代时，即传统粒子群算法寻优结束时，仍有 7 个用水户供水保证率为零，说明供水持续受限，其后通过逐库优化算法，保证率值呈现跳跃式上升，在 550 代后 17 个用水户中仅剩水库②的生态用水户供水保证率为零，其余用水户均在不同程度上接近对应设计供水保证率。

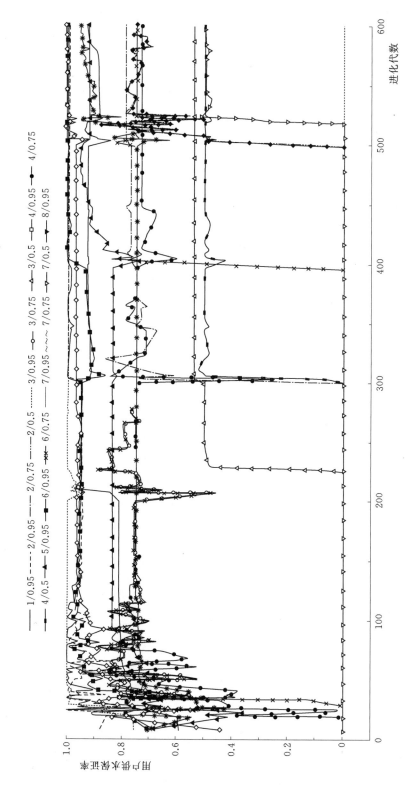

图 6 - 6　各库各用水户供水保证率进化过程

水库群调水、供水规则通过水库群调度图表示，每个水库分别由调水任务相应调水控制线及每项供水任务相应的供水限制线构成，如图 6-7 所示。调水控制线位置的

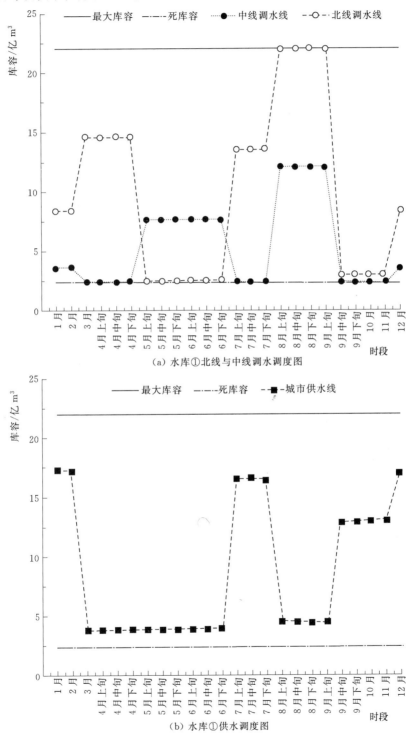

（a）水库①北线与中线调水调度图

（b）水库①供水调度图

图 6-7（一） 水库群系统各库调度线

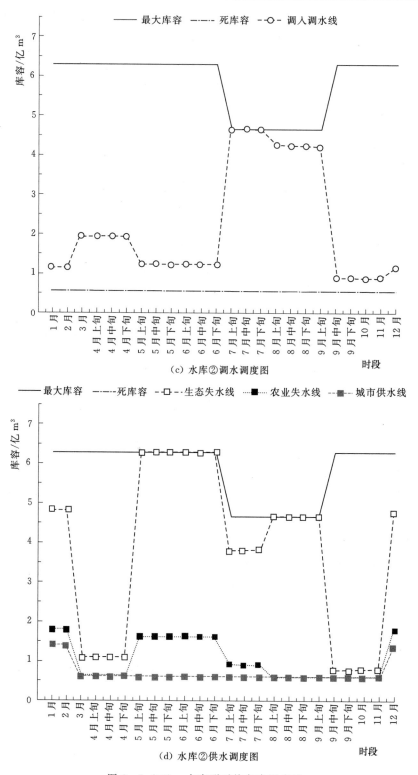

(c) 水库②调水调度图

(d) 水库②供水调度图

图 6-7（二） 水库群系统各库调度线

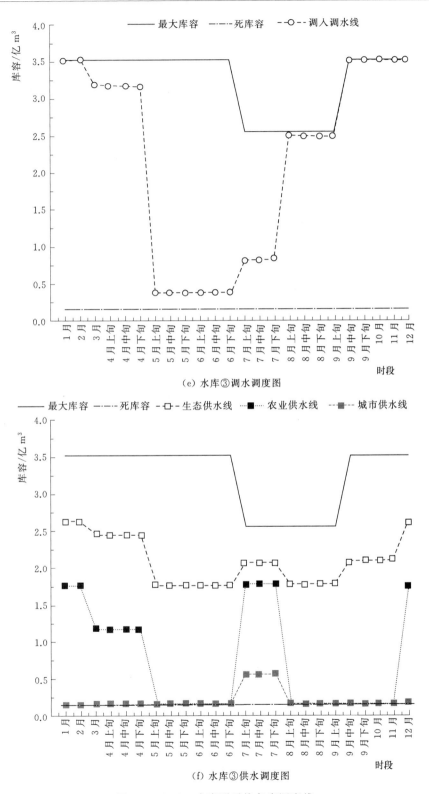

（e）水库③调水调度图

（f）水库③供水调度图

图 6-7（三）　水库群系统各库调度线

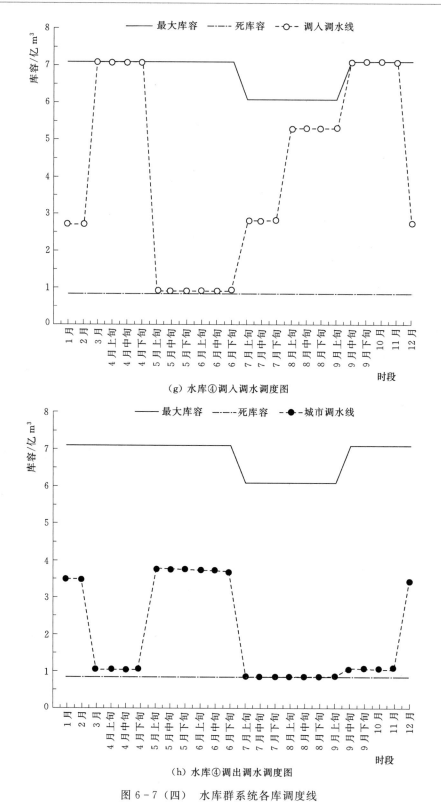

（g）水库④调入调水调度图

（h）水库④调出调水调度图

图 6-7（四）　水库群系统各库调度线

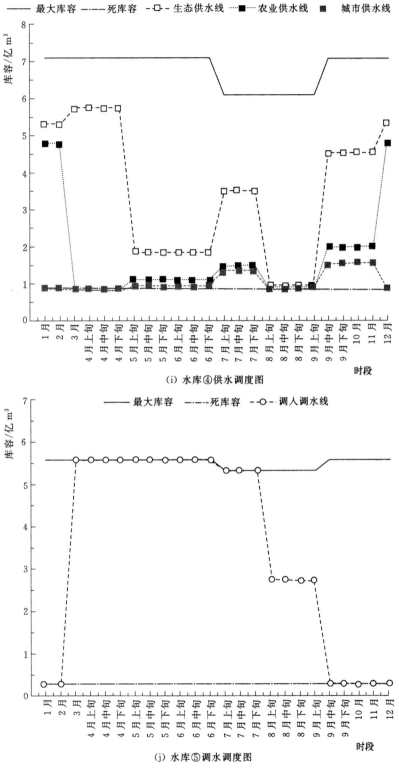

(i) 水库④供水调度图

(j) 水库⑤调水调度图

图 6-7（五） 水库群系统各库调度线

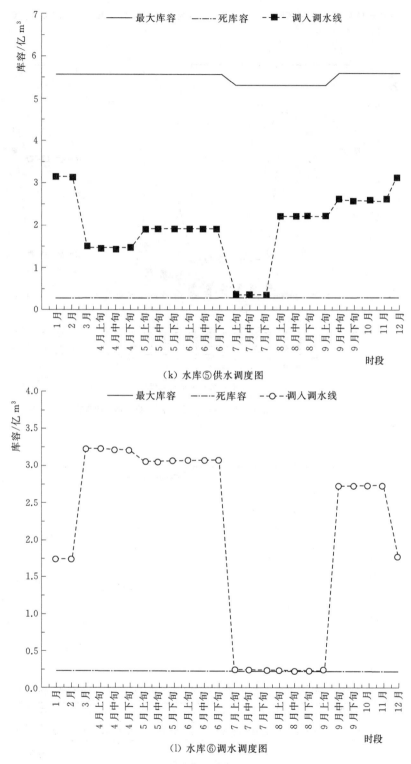

（k）水库⑤供水调度图

（l）水库⑥调水调度图

图 6-7（六）　水库群系统各库调度线

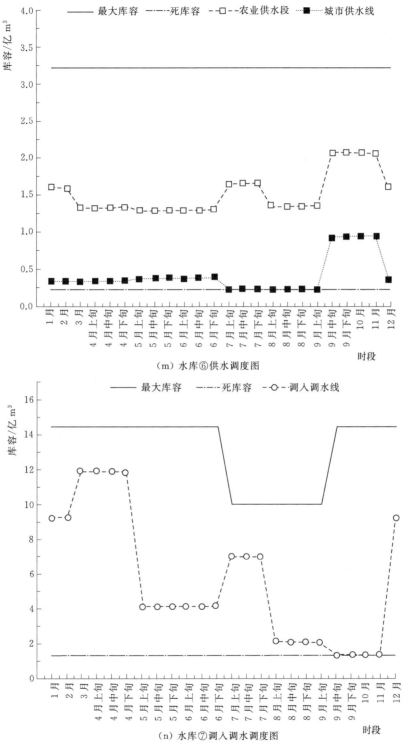

（m）水库⑥供水调度图

（n）水库⑦调入调水调度图

图 6-7（七） 水库群系统各库调度线

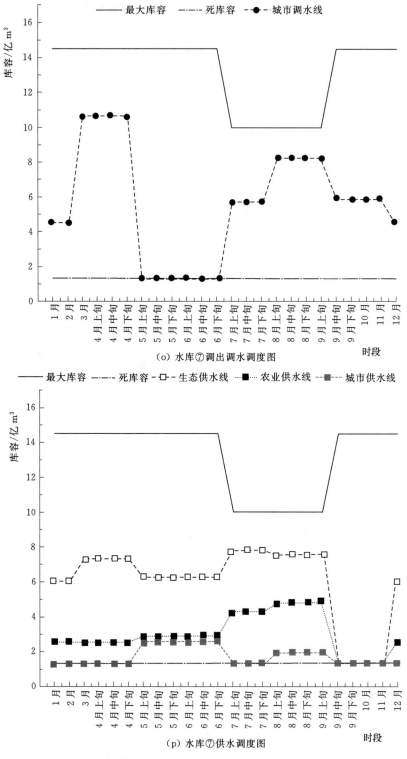

（o）水库⑦调出调水调度图

（p）水库⑦供水调度图

图 6-7（八）　水库群系统各库调度线

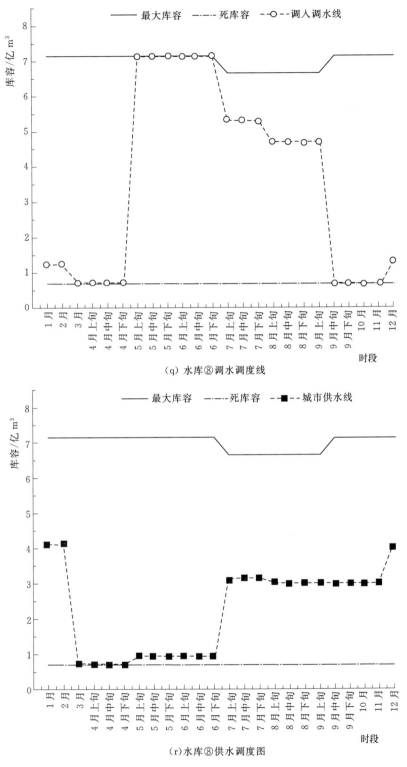

（q）水库⑧调水调度线

（r）水库⑧供水调度图

图 6-7（九） 水库群系统各库调度线

高低决定了调水行为的启动条件，对于水源水库，如水库①，北线调水线高于中线（5 月、6 月除外），当水库蓄水量位于两线中间时，水库只为中线调水，说明水库向北线调水的概率低于中线，北线年均调水量也相应更少。对于受水水库，如水库②、水库③，非汛期时水库③的调水控制线位置高于水库②，说明此时③库接收调水的概率更高，时段调入水量多。水库④同时发生水量的调入和调出，同时从水库①调水的调入控制线高于向水库⑤、水库⑥调水的调出控制线，说明水库接收调水的概率高于输出水量的概率，水库⑤、⑥所需的外调水量较低。水库⑦也同时发生水量的调入和调出，但两线无明显高低差异，这说明该水库的年均来水基本可以满足当地供水需求，从水库①的调入水量主要用于进一步调水进入水库⑧，这与图 6-3 的供需平衡相一致。在水库供水调度过程中，当水库蓄水量处于某条限制供水线下方，则对其对应的用水户实施限制供水，否则正常供水。对于设计供水保证率越高的用水户限制供水线位置相对越低，供水线的位置在枯水期相对较高，在汛期则偏低，说明枯水期限制供水的机会较高，基本满足形状约束。

6.4　本章小结

本书以跨流域调水控制线和限制供水线为联合调度规则形式，在通用约束的基础上添加考虑了供水调度图的形状约束，建立跨流域调水、供水联合优化调度模型，并且提出了逐库优化粒子群算法（PRA-PSO），通过辽宁省某跨流域水库群联合调度系统实例计算，证明逐库优化粒子群算法对于复杂水库群系统调度模型求解更加实用和有效，能够阶梯状改进优化目标，使全局寻优的可靠性得到提高，为复杂水库群优化调度问题的求解提出了一条简单易行的新途径。

第 7 章

基于二层规划模型的跨流域
水库群联合调度研究

作为水资源配置的工程措施，跨流域调水在解决水资源时空分配不均问题中发挥了重要作用。跨流域供水水库群的联合调度对于充分发挥调水工程的水文补偿和库容补偿效益具有重要作用，良好的调度规则是实现水库效益最大化的基本保证。

跨流域供水水库群联合调度需要解决两个层面上的问题：上层决策者考虑水源区水库群什么时候向受水区水库群调水、调多少水，调水量如何在受水区进行分配，即调水规则的确定问题；下层决策者考虑在调水行为启动的情况下，水库群如何对各用水户进行适时适量供水，即供水规则的确定问题。因此，跨流域供水水库群联合调度具有主从递阶结构特征，采用单层优化模型求解该问题显然是不合适的。对此，目前的研究主要存在以下不足：

（1）国内外学者对水库群联合供水调度规则的研究较多，但将水库供水与跨流域调水统一考虑得较少，这势必会影响水资源的时空配置效果。例如，李智录等在绘制单库调度图的基础上，通过联合调度规则将各张调度图联系起来；Chang 等在某一水库调度图上添加联合供水调度线，根据该水库蓄水量与联合调度线之间的位置关系决定由哪个水库对公共供水区进行供水；郭旭宁、胡铁松等采用聚合水库调度图和二维水库调度图，确定水库群的时段总供水量，再根据分水规则进行各库的调节计算。

（2）虽然不少学者对跨流域调水问题开展了相关研究，但是这些研究的关注点多集中于跨流域调水方案和规模的评价与优选，对调水规则的研究却很少，对跨流域水库群联合调度问题主从递阶结构的认识尚不清晰。例如，王国利等提出了基于协商对策的多目标群决策模型，优选跨流域调水方案。Chen 等采用模糊算子分析了流域间水量分配的复杂性，并对多种调水方案进行评价。江燕、胡铁松等建立了多库多目标调水工程的规则优选模型。

在主从递阶决策问题中，每一级都有自身的目标函数和决策变量，等级越高权威性越大。上级决策者对下级行使某种控制、引导权，下层决策者只需把上层的决策作为参数或约束，在可能范围内自由决策，最终得到某种协调的方案。二层规划是解决这类问题的有效方法。针对跨流域供水水库群联合调度问题存在的主从递阶结构，本书提出了调水规则和供水规则相结合的跨流域供水水库群联合调度规则，建立了确定水库群调水、供水规则的二层规划模型，采用并行种群混合进化的粒子群算法对调水控制线和供水调度图进行分层优化，最终得到满足上、下层决策要求的跨流域供水水库群联合调度规则。调水控制线是一组具有控制意义的水库蓄水过程线，水库蓄水量与调水控制线间的相对位置关系与一定的调水规则相对应。采用二层规划模型解决水库群调水、供水问题：一方面，将跨流域调水与水库供水统一考虑，揭示了其中的层次结构特征；另一方面，将高维问题分解为两个低维的子问题，降低了搜索最优解的难度。最后，以我国北方某大型跨流域调水工程为例，验证模型的合理性与有效性。

7.1　确定水库群调水、供水规则的二层规划模型

二层系统最优化主要研究具有两个层次系统的规划与管理问题。很多决策问题由多个具有层次性的决策者组成，这些决策者具有相对的独立性，即上层决策者只通过自己的决策指导（或引导）下层决策者，不直接干预下层的决策；而下层决策者只需把上层的决策作为参数或约束，并可以在自己的可能范围内自由决策。一般来说，一个二层规划问题的数学模型可以表述为

$$\min_x F(x,y)$$
$$s.t.\ G(x,y) \leqslant 0$$
$$\min_y f(x,y)$$
$$s.t.\ g(x,y) \leqslant 0$$

(7-1)

式中　　　　　　　　　x——上层决策者的决策变量；

y——下层决策变量；

$F(x,y)$、$f(x,y)$——上、下层决策者的目标函数。

其中，$x \in R^n$，$y \in R^m$；F，f：$R^n \times R^m \to R$，G：$R^n \times R^m \to R^p$，g：$R^n \times R^m \to R^q$。

由于二层规划可以恰当地描述实际问题中存在的层次关系，因此广泛应用于交通网络设计、价格控制、灌溉系统优化、水资源优化配置以及水文模型参数识别等问题。

7.1.1　跨流域水库群联合调度规则的表述形式

本书提出了调水规则和供水规则相结合的跨流域水库群联合调度规则。其中，调水规则由一组基于各水库蓄水量的调水控制线表示。调度过程中，根据各库蓄水量与对应调水控制线的相对位置关系，决定是否调水，调水量如何分配等。供水规则由各库供水调度图表示，对应于不同用水户的限制供水线将水库的兴利库容分为若干调度区。调度过程中，根据水库蓄水状态所在调度区的供水规则对各用水户进行供水（表3-1）。水库群的调水、供水规则通过二层规划模型相结合，经优化确定，指导跨流

域供水水库群的实际调度。

7.1.2 模型的建立

以本无水力联系但通过跨流域调水工程相互联系的三库库群为例（图 3-1），介绍水库群调水、供水规则的二层规划模型的建立与求解过程。上层模型以流域间预期调配水量和下层反馈回的各水库弃水量作为目标函数，以各库调水控制线为决策变量，优化库群调水规则，实现水资源在空间上的合理配置；下层模型以水库对各用水户的供水质量为目标函数，以各库供水调度图为决策变量，优化水库供水规则，实现水资源在时间上的合理分配。

1. 上层调水模型

调水控制线位置的变化对调水目标的实现具有重要作用，因此上层调水模型把它作为决策变量优化确定。

在市场经济体制和以国家工程投资为主体的条件下，区际调水决策的主要影响因素为受水区需水量和被调水区可调水量，区域社会经济发展目标需要相应的水资源量作为支撑。因此，上层模型把实现预定规模的年均调水量作为上层目标的一部分，同时各水库弃水之和应该尽量小。

上层调水模型的数学表达形式可记为

$$\min_x F(x,y) = w_{DS} \sum_{i=1}^m \mid NDS_i - TNDS_i \mid + w_{SU} \sum_{i=1}^m SU_i \qquad (7-2)$$

$$s.t. \ NDS_i = G(x,y), SU_i = g(x,y)$$

$$ST_i^{\min} \leqslant x_i \leqslant ST_i^{\max}, ST_i^{\min} \leqslant y_i \leqslant ST_i^{\max}$$

$$0 \leqslant DS \leqslant DS_{\max} \qquad (7-3)$$

$$i = 1, \cdots, m$$

式中　　x——上层模型的决策变量，表示一组调水控制线的位置，其可行域是死库容 $ST_i^{\min}$ 与上限库容 $ST_i^{\max}$ 之间的兴利库容；

　　　　DS——时段调水量，它不大于输水管道的最大过水能力 $DS_{\max}$；

NDS、SU——决策变量 x、y 的函数；

　　　　i——水库编号；

　　　　m——水库数目。

上层模型采用权重系数法将调水目标（年调水量 NDS 接近目标年调水量

TNDS）与弃水目标（各水库弃水量 SU 之和尽量小）赋予不同的权重，将其转化成单目标。

2. 下层供水模型

水库供水效益的发挥在于对其科学地管理调度，调度图是指导水库运行的重要工具之一。如图 3-3 所示，调度图由对应于不同用水户的限制供水线构成。根据供水目标的优先级和设计供水保证率的高低，限制供水线由下至上依次排列并将兴利库容分成若干调度区。水库运行过程中，根据水库蓄水量所处调度区对应的供水规则（表 3-1）对每个用水户供水。

下层供水模型的数学表达形式可记为

$$\min_y f(x,y) = \sum_{i=1}^{m} \sum_{j=1}^{n} w_{ij} \mid Index_{ij} - Target_{ij} \mid \qquad (7-4)$$

$$s.t.\ Index_{ij} = k(x,y)$$

$$ST_i^{\min} \leqslant x_i \leqslant ST_i^{\max}, ST_i^{\min} \leqslant y_i \leqslant ST_i^{\max} \qquad (7-5)$$

$$i = 1, \cdots, m, j = 1, \cdots, n$$

式中 y——下层模型决策变量，表示调度图中限制供水线位置，其可行域是死库容 $ST_i^{\min}$ 与上限库容 $ST_i^{\max}$ 之间的兴利库容，并且不同用水户对应的限制供水线不交叉；

w_{ij}——各供水目标权重；

j——水库 i 的第 j 项供水任务。

下层模型目标函数是使各用水户供水质量 $Index_{ij}$ 尽量接近目标供水质量 $Target_{ij}$，供水质量参数 $Index_{ij}$ 可采用诸如供水保证率、缺水指数、供水量等指标。

3. 模型的求解

在确定水库群调、供水规则的二层规划模型中，目标函数与决策变量之间的函数关系是通过模拟水库群长时序的调水、供水过程，并对关键指标进行统计而建立起来的，难以写出具体的表达式。因此，该二层规划问题是一个非凸规划问题，这给数值求解带来了很大困难。启发式算法（如遗传算法、粒子群算法等）的出现为求解该问题提供了有效途径。为了克服基本粒子群算法过早收敛及不能收敛到全局最优解的不足，Jiang 等借鉴递阶进化和生物种群划分的思想，提出了并行种群混合进化的粒子群算法（Parallel Swarms Shuffling Evolution Algorithm Based on Particle Swarm Optimization，PSSE-PSO）。其从算法的整体设计入手，利用种群间的相互竞争扩大搜索范围，增加种群的多样性，以控制算法的过早收敛和丢失最优解，取得了不错的效果。

本书在求解水库群调水、供水规则的二层规划模型时，采用 PSSE-PSO 算法分别对上层模型中的调水控制线和下层模型中的供水调度图进行优化。求解流程如图 7-1 所示。

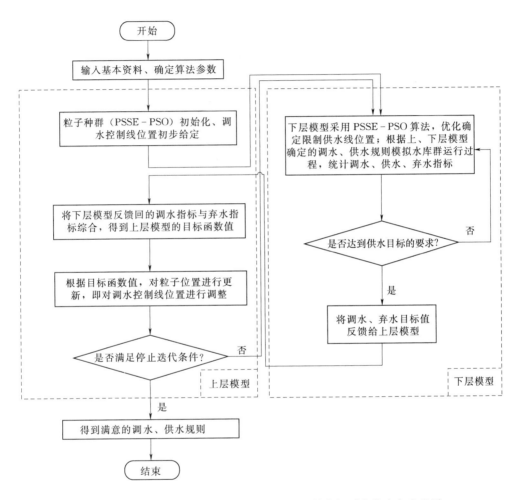

图 7-1 基于二层规划模型的水库群调水、供水规则优化确定流程图

（1）上层模型在确定一组初始调水控制线后，将其传递给下层模型。

（2）下层模型通过 PSSE-PSO 算法优化确定一组供水调度图，使得在上层确定的调水控制线下各水库的供水目标达到最优，并将得到的调水、弃水指标传递给上层。

（3）上层模型根据下层反馈回的相关指标，采用 PSSE-PSO 算法对调水控制线位置进行调整，并将调整后的调水控制线传递给下层模型。

（4）如此迭代直至达到停止条件，得到理想的调水、供水规则。

7.2　实例应用

7.2.1　跨流域调水工程基本情况

跨流域调水工程基本情况详见本书第 3.4.1 节。

7.2.2　主要计算结果

求解该跨流域供水水库群联合调度规则的二层规划模型可由式（7 - 2）～式（7 - 5）联合表示。Hsu 提出的广义缺水指数（generalized shortage index，GSI）可以全面地反映缺水特征和由此产生的社会经济影响，因此该实例的下层供水模型用 GSI 作为反映水库供水质量的参考指标，GSI 为

$$GSI = \frac{100}{N} \sum_{i=1}^{N} \left(\frac{DPD_i}{100DY_i} \right)^k \tag{7 - 6}$$

式中　N——时间系列样本年数；

$\quad DY_i$——年内天数，常取 365；

$\quad DPD_i$——第 i 年内日缺水百分比的累加值；

$\quad k$——用来反映缺水社会经济影响的指数，k 越大表明缺水影响越严重，通常 $k = 2$。

本书以水库群 52 年（1956—2007 年）长时序天然入库径流作为模型的输入资料。结合水库来水和用水户需水信息确定模型计算步长，将一个水利年度划分为 24 个时段，4—9 月以旬、其余时间以月为计算时段，汛期自 7 月上旬至 9 月上旬。为了避免相邻时段调度线（调水控制线与限制供水线）位置剧烈变动给实际操作带来不便，考虑到调度结果对丰水月份调度线位置较敏感，在该实例研究中 1—3 月调度线位置以及 11 月、12 月调度线位置均用一个变量表示，8 月与 9 月上旬（汛末）用一个变量表示，9 月中、下旬与 10 月用一个变量表示，其余月份都是三旬用一个变量表示，如图 7 - 2、图 7 - 3 所示。

以水源水库②年均外调 13 亿 m³ 水量，受水水库①、水库③年均调入 10 亿 m³ 和 3 亿 m³ 水量作为调水目标，构建并求解针对该跨流域调水工程的二层规划模型，得到水库群径流调节计算成果表（表 7 - 1）、由调水规则和供水规则构成的跨流域供水水库群双重调度规则（图 7 - 2、图 7 - 3）以及与各水库多年平均、最高、最低运行水

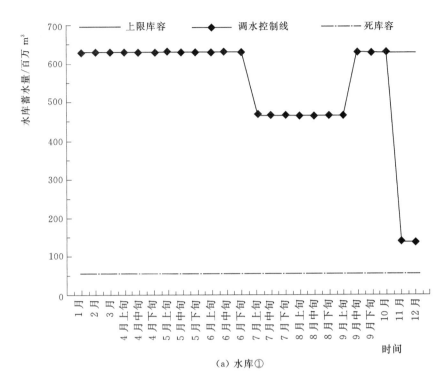

（a）水库①

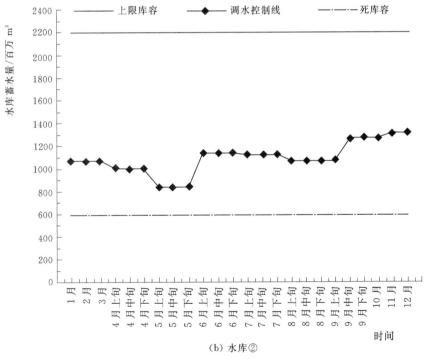

（b）水库②

图 7-2（一） 水库群调水规则

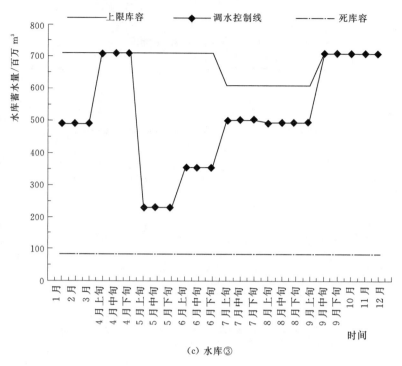

（c）水库③

图 7-2（二）　水库群调水规则

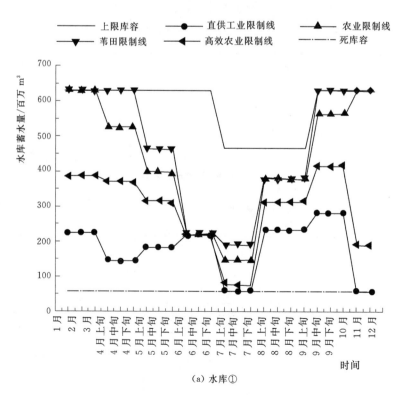

（a）水库①

图 7-3（一）　水库群供水规则

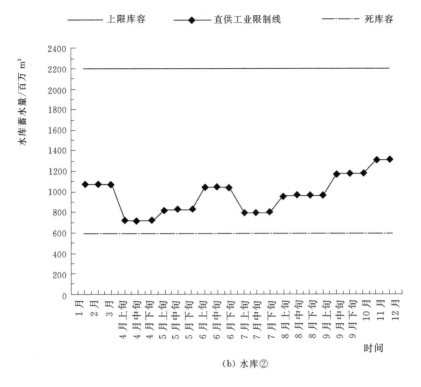

（b）水库②

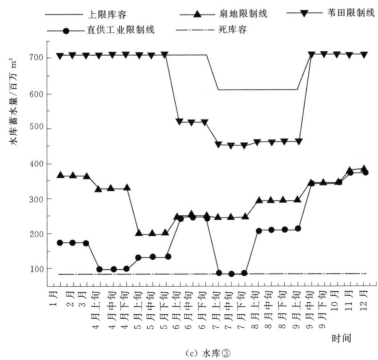

（c）水库③

图 7-3（二） 水库群供水规则

表 7 - 1　　　　　　　　　　　　水库群（多年平均）径流调节计算成果表

水库	调水量 /亿 m³	供水量/亿 m³				蒸发渗漏损失 /亿 m³	弃水量 /亿 m³	直供工业供水 保证率/%
		直供工业	农业	苇田	其他供水			
①	10.00	3.77	4.86	2.86	0.67	0.35	1.90	95.02
②	−13.00	8.92	0.00	0.00	0.00	0.63	14.46	95.30
③	3.00	4.48	0.00	0.98	2.38	0.89	2.58	95.18

位对应的蓄水过程（图 7 - 4）。表 7 - 1 中，水库②的年均外调水量为 13 亿 m³，水库①、水库③的年均调入水量为 10 亿 m³ 和 3 亿 m³，与预期调水目标一致，库群年均弃水量为 18.94 亿 m³，总供水量为 28.92 亿 m³，各水库直供工业供水保证率均在 95% 以上。

由表 7 - 2 知，水源水库②的年均天然入库径流量相当丰富，但自身的供水任务却较轻，所以它的主要任务是向水库①、③提供调水。为了满足受水区需水要求，水库②调水控制线的整体位置偏低（图 7 - 2），以增加向外调水的机会。对于受水水库①而言，它需要依靠大量调水来完成自身天然入库水量难以承担的供水任务。为了增加水库①向内调水的机会，水库①调水控制线的位置应尽量抬高，这点在图 7 - 2 中得到了较好的印证。对于受水水库③的调水控制线而言，它在 5 月的位置压得很低，之后逐渐抬高。这是为了减少汛前的调水，腾空库容迎接汛期的大量天然来水，从而减少不必要的调水和弃水。需要注意的是，水库①的调水控制线在 11 月、12 月下凹，水库③的调水控制线在 4 月上凸，两者间存在着一定关系。这是为了减少水库①年末调水量，使水库②预留一定水量来保障水库③ 4 月的调水。如图 7 - 5 所示，当水库①调水控制线在 11 月、12 月抬高后，水库②、③在枯水年份的蓄水量都跌至死水位以下。

水库群供水规则通过各水库供水调度图表示（图 7 - 3），每张调度图由与水库每项供水任务相对应的限制供水线构成。在水库调度过程中，当水库蓄水量处于某条限制供水线下方时，则向其对应的用水户实施限制供水，否则正常供水。一般来说，对供水质量要求越高的用水户限制供水线位置越低。从每条限制供水线的形状来看，它们在枯水期的位置较高，在汛期的位置则偏低。这主要是通过增加枯水期限制供水的机会，使尽量多的水留在水库内，防止超深度破坏的供水情况发生。

如图 7 - 4 所示，各水库最低、最高运行水位分别接近死水位与上限水位，充分发挥了水库的调节能力。由于水库①供水任务重，它的蓄水过程受到用水户需水过程影响，表现出与农业、苇田需水过程相反的季节性变化特征。水库②供水任务轻但入库径流丰富，一般在汛末水位最高。水库③蓄水过程相对平缓，这与它的供需矛盾不突出有密切关系。

7.2.3　调水规则的合理性分析

为了分析调水规则的合理性，将某些时段调水控制线位置进行调整，观察它对各水库水量平衡项和蓄水过程的影响（图 7 - 5）。当水库① 11 月、12 月的调水控制线提

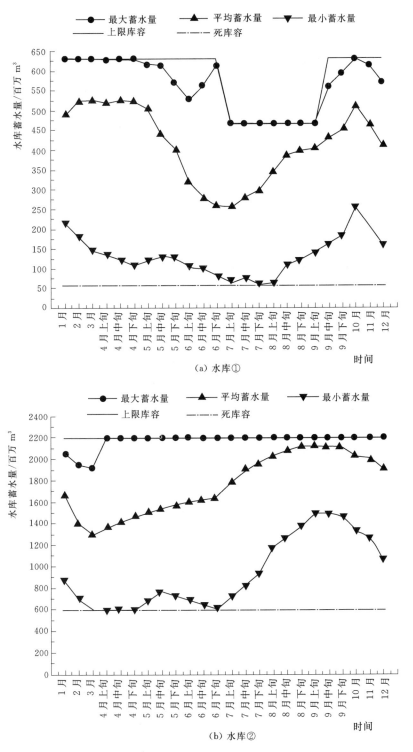

图 7-4（一） 水库多年平均、最高、最低运行水位对应的蓄水过程

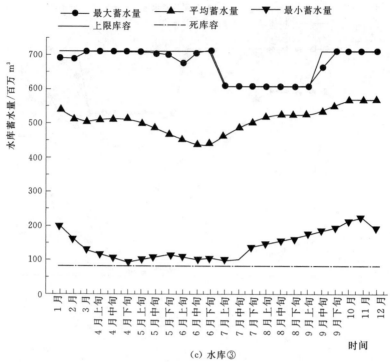

（c）水库③

图 7-4（二）　水库多年平均、最高、最低运行水位对应的蓄水过程

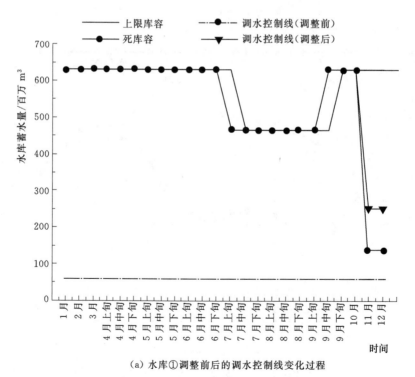

（a）水库①调整前后的调水控制线变化过程

图 7-5（一）　水库调水控制线位置调整与枯水期水库蓄水变化过程

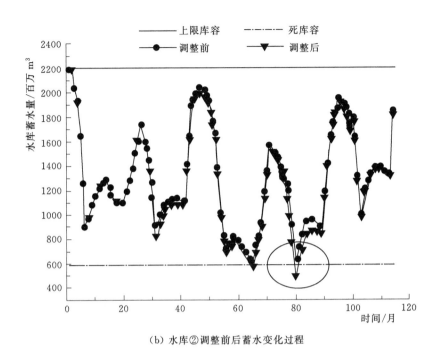

（b）水库②调整前后蓄水变化过程

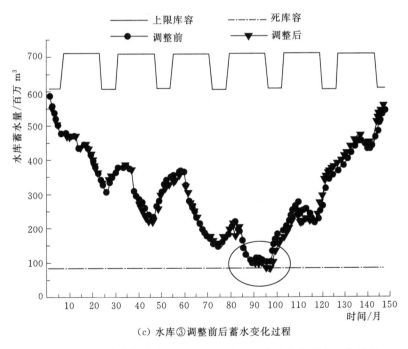

（c）水库③调整前后蓄水变化过程

图 7-5（二）　水库调水控制线位置调整与枯水期水库蓄水变化过程

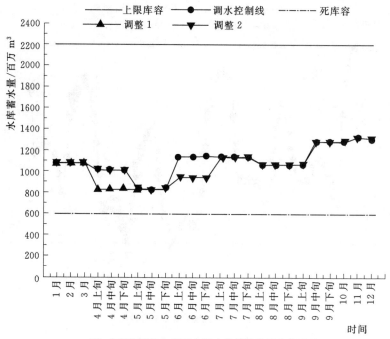

（d）水库①调整 1、调整 2 调水控制线位置变化过程

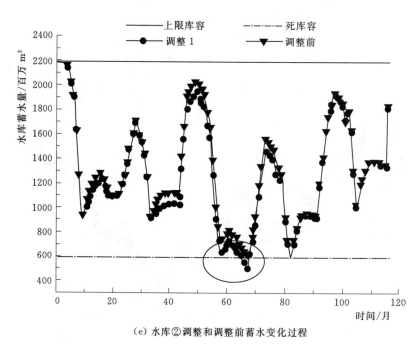

（e）水库②调整和调整前蓄水变化过程

图 7-5（三）　水库调水控制线位置调整与枯水期水库蓄水变化过程

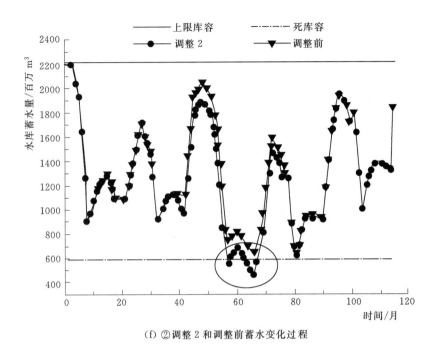

(f) ②调整 2 和调整前蓄水变化过程

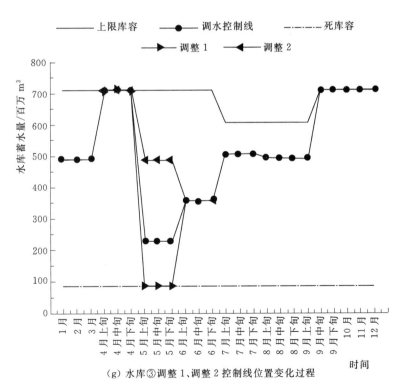

(g) 水库③调整 1、调整 2 控制线位置变化过程

图 7-5（四） 水库调水控制线位置调整与枯水期水库蓄水变化过程

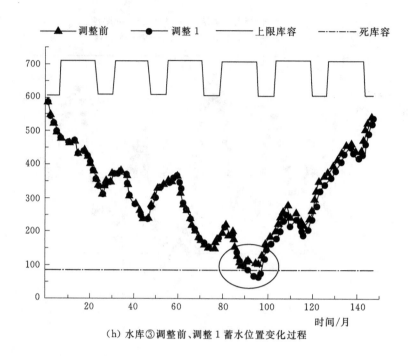

（h）水库③调整前、调整 1 蓄水位置变化过程

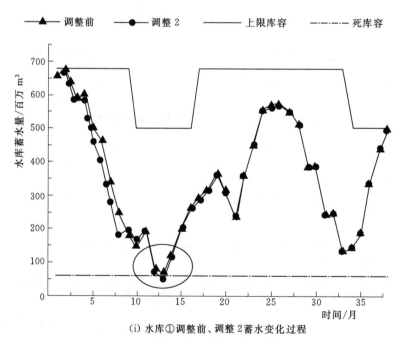

（i）水库①调整前、调整 2 蓄水变化过程

图 7 - 5（五）　水库调水控制线位置调整与枯水期水库蓄水变化过程

高 5m 后，年均调入水量增加 123 万 m^3，水库③年均调入水量减少 30 万 m^3，水库②年均调出水量增加 93 万 m^3，水库②、水库③对直供工业需水分别增加 6 个和 2 个限制供水时段。尤为重要的是，由于水库②调出水量的增加使得它在枯水年份的最低运行水位远远低于死水位；水库③由于调入水量的减少，它在枯水年份的最低运行水位也跌至死水位以下，这都是不允许发生的。

当水库②4 月调水控制线与 5 月齐平后，调入水库①、水库③的水量增加，同时水库②对直供工业需水增加了 17 个限制供水时段，枯水年份的最低运行水位也跌至死水位以下。当水库②6 月调水控制线降低 2m 后，水库水量平衡项和汛期最低运行水位的变化与 4 月调水控制线位置调整后的结果相似。

对于水库③，当把 5 月的调水控制线降低至死水位时，水库③的年均调入水量减少 70 万 m^3，水库①的年均调入水量增加 86 万 m^3，水库③在枯水年份的最小蓄水量比死库容少 2099 万 m^3。当水库③5 月调水控制线抬高 6.5m 时，水库③的年均调入水量增加 1403 万 m^3，水库①的年均调入水量减少 1243 万 m^3，水库②在枯水年份的最低运行水位低于死水位。综合分析可知，调水控制线位置的高低与水库群调度结果之间有直接联系，也从侧面说明由 PSSE - PSO 算法求解跨流域供水水库群二层规划模型得到的调水规则合理。

一般来说，缺水指数越小代表该用水户的供水质量越好。为了分析不同调水方案下的调度结果，本书对不同调水方案下的调度模型进行求解，见表 7 - 2。经比较分析发现，对于水源水库②，当外调水量增加时，自身用水户的供水质量势必会受到不同程度的影响，外调水量越多，缺水指数越大。对于受水水库①、水库③的来水，当调入水量增加时，用水户的缺水指数会变小，表明供水效果得到改善。

表 7 - 2　　　　　　　　不同调水方案下主要用水户缺水指数比较

方案	受水水库①				水源水库②		受水水库③			
	调水/亿 m^3	农业	苇田	直供工业	调水/亿 m^3	直供工业	调水/亿 m^3	苇田	扇地	直供工业
方案一	2.50	2.72×10^{-4}	8.09×10^{-4}	4.97×10^{-6}	-10.00	9.42×10^{-7}	7.50	8.66×10^{-5}	8.40×10^{-5}	8.16×10^{-7}
方案二	3.50	1.20×10^{-4}	3.24×10^{-4}	4.42×10^{-6}	-10.00	8.40×10^{-7}	6.50	1.83×10^{-5}	1.43×10^{-4}	9.66×10^{-7}
方案三	2.50	3.18×10^{-4}	1.09×10^{-3}	2.01×10^{-5}	-13.00	3.11×10^{-6}	10.50	4.69×10^{-5}	4.64×10^{-5}	2.07×10^{-7}
方案四	3.50	1.03×10^{-4}	2.91×10^{-4}	4.97×10^{-5}	-13.00	3.58×10^{-6}	9.50	7.56×10^{-5}	7.41×10^{-5}	3.05×10^{-7}

7.3　本章小结

根据跨流域水库群联合调度问题的主从递阶结构，本书提出了求解该问题的二层规划模型和新的跨流域供水水库群联合调度规则。其中，上层模型通过优化调水控制线确定水库群调水规则，实现水资源在空间上的优化配置；下层模型通过优化供水调度图确定各水库供水规则，使不均匀的入库水量在时间上得到合理分配。我国北方某大型跨流域调水工程的实例研究验证了模型的合理性与有效性。

常规单层优化模型求解具有主从递阶结构的调度问题显然是不合适的。二层规划模型不仅可以恰当描述该问题，而且将高维问题分解为两个低维的子问题，降低了搜索最优解的难度，目标间的优先级也更加明确。笔者认为随着水资源系统规模越来越大，结构越来越复杂，层次性的研究具有重要意义。二层规划以及多层规划将在水资源问题研究中发挥更加重要的作用。

第8章

总　　结

8.1 结论

为了满足不断增长的社会经济需水要求，解决我国水资源时空分布不均的问题，我国修建了一大批以水库群为核心的跨流域调水工程。对这些水利工程设施进行科学有效调度，充分发挥它们兴利除害的作用，显得尤为重要。本书围绕跨流域水库群联合调度问题，以辽宁省东水西调三线联调项目为实例开展理论研究，主要开展了以下工作：

（1）对水资源调度理论研究背景、意义进行概述，对跨流域调水系统特征、国内外跨流域调水工程建设情况、跨流域调水及水库群联合调度现状进行综述，在总结现有研究成果的基础上，介绍本书的主要研究内容。

（2）在明确跨流域水库群联合调度决策制定过程特点的基础上，采用 0-1 规划方法确定水库群最优调水、供水过程，不仅可为采用隐随机优化方法确定跨流域水库群调水规则和供水规则提供最优化样本过程，而且对于跨流域调水工程调度运行评价具有重要意义。

（3）揭示了水库群联合供水调度规则构成要素的二重性特征，阐述水库群供水规则和分水规则的作用和意义，对水库群联合供水调度中广泛采用的调度图、调度函数和其他规则形式的研究与应用现状进行总结评述。在此基础上，首先对基于不同规则形式的联合调度规则提取方法进行述评，然后以水库群联合调度规则提取方法的发展历程为主线，对水库群联合调度规则提取方法进行总结分析，对其最新研究进展进行评述。

（4）基于跨流域水库群最优调水、供水过程，提出了提取跨流域水库群联合调度规则的集对分析新方法，通过提高水库最优调度决策与待定调度决策间的联系度，优化确定跨流域水库群调水规则和供水规则。

（5）以供水调度图和调水控制线为联合调度规则形式，采用模拟—优化模式，构建同时考虑跨流域调水和供水的复杂水库群联合优化调度模型，添加考虑供水调度图先验形状特征的形状约束，提出了一种借鉴逐步优化算法思想的逐库优化粒子群算法，逐步优化单个或两个水库的调度规则，以降低单次优化变量的维数，从而提高其搜索全局最优解的能力。

（6）针对跨流域水库群联合调度存在的主从递阶结构，提出了调水规则和供水规则相结合的跨流域水库群联合调度规则。其中，调水规则由一组基于各水库蓄水量的调水控制线表示，根据其间的相对位置关系，决定是否调水，调水量如何分配等；供水规则由各库供水调度图表示，对应于不同用水户的限制供水线将水库的兴利库容分为若干调度区。建立了适用于主从递阶结构的水库群联合调度二层规划模型，它由上层调水模型和下层供水模型构成，采用并行种群混合进化的粒子群算法对模型进行求解。我国北方某大型跨流域调水工程的实例研究证明了模型的合理性和有效性。

8.2　展望

本书在前人研究成果的基础之上，开展跨流域水库群联合调度理论方面的研究工作，并将其应用于我国大型水利设施的实际调度中。但受时间和研究水平所限，文中难免有不足之处。在对全书总结基础之上，笔者发现在文中涉及的几个研究方向中仍有大量科学问题需要进一步探讨，现将其归纳如下：

（1）在跨流域水库群联合供水调度中，除了要解决一般水库群联合供水调度问题中存在的供水决策制定和共同供水任务分配的问题外，还要解决跨流域调水行为启动标准、调出水量在水源水库间的分配和调入水量在受水水库间的分配等问题。在本书拟定的跨流域调水规则中，当满足调水标准时调水量按最大调水规模确定，而并未根据水库间不同来水、蓄水情况有区别地确定调水量。在今后的研究中，应试图根据水库来、蓄水的动态变化灵活确定水库间的时段调水量和调水量在水库间的分配。

（2）随着科技的进步，各种气象预报模式的不断发展，概率预报成为未来预报的主要发展方向。本书中未考虑水库来水信息，利用概率预报信息如何进行跨流域调水的实时调度概率决策，或者建立概率方案，为决策者提供多方面多层次的决策域值信息，也是跨流域水库群联合调度领域需要进一步研究的重要问题。

（3）为了提高研究成果的实用性，需要建立跨流域调水调度决策系统，能够根据跨流域调水系统的实际需要，生成实时的调水和供水调度方案，并计算相应方案的效益和风险，以人机交互技术为基础对实时调度中遇到的问题进行实时修正，利用图形界面信息为决策者进行科学决策提供更为翔实的依据，这也是未来重要研究方向之一。

参 考 文 献

［1］ 谷长叶，韩义超，等. 跨流域调水联合调度研究［M］. 北京：中国水利水电出版社，2014.

［2］ 马真臻. 面向跨流域调水的水资源多维耦合调度模型技术及应用［D］. 北京：中国水利水电科学研究院，2014.

［3］ 习树峰. 跨流域调水预报优化调度方法及应用研究［D］. 大连：大连理工大学，2011.

［4］ 王光谦，欧阳琪，张远东，等. 世界调水工程［M］. 北京：科学出版社，2009.

［5］ 郑连第. 中国历史上的跨流域调水工程［J］. 南水北调与水利科技，2003.1 (1)：5-8.

［6］ 关志诚. 跨流域调水工程的关键技术与建设实践［J］. 水利水电技术，2009 (8)：89-94.

［7］ Dosi C, Moretto M, Inter-Basin Water Transfers Under Uncertainty: Storage Capacity and Optimal Guaranteed Deliveries［J］. Environmental and Resources Economics, 1994, 4 (4)：331-352.

［8］ Jain S, Reddy N S R K, Chaube UC. Analysis of a large inter-basin water transfer system in India［J］. Hydrological Sciences Journal, 2005, 50 (1)：125-137.

［9］ Matete M, Hassan R. Integrated Ecological Economics Accounting Approach to Evaluation of Inter-Basin Water Transfers: An application to the Lesotho Highlands Water Project［J］. Ecological Economics, 2006, 60 (1)：246-259.

［10］ Carvalho R C, Magrini A. Conflicts over Water Resource Management in Brazil: A Case Study of Inter-Basin Transfer［J］. Water Resources Management, 2006, 20 (2)：193-213.

［11］ Li X S, Wang B D, Rajeshwar M, et al. Consideration of Trends in Evaluating Inter-basin Water Transfer Alternatives within a Fuzzy Decision Making Framework［J］. Water Resources Management, 2009, 23 (15)：3207-3220.

［12］ Sadegh M, Mahjouri N, Kerachian R. Optimal Inter-Basin Water Allocation Using Crisp［J］. Water Resources Management, 2010,

24 (10)：2291 – 2310.

[13] Bonacci O，Andric I. Impact of an inter – basin water transfer and reservoir operation on a karst open streamflow hydrological regime an example from the Dinaric karst（Croatia）[J]. Water Resources Management，2010，24：3852 – 3863.

[14] Xi S F，Wang B D，Liang G H，et al. Inter – basin water transfer – supply model and risk analysis [J]. Science China：Technological Sciences，2010，53（12）：3316 – 3323.

[15] Chen H W，Chang N B. Using fuzzy operators to address the complexity in decision making of water resources redistribution in two neighboring river basins [J]. Advances in Water Resources，2010，33：652 – 666.

[16] Guo X N，Hu T S，Zhang T，et al. Bilevel model for multi – reservoir operating policy in inter – basin water transfer – supply project [J]. Journal of Hydrology，2012，424 – 425（none）：252 – 263.

[17] 方淑秀，黄守信，王孟华，等. 跨流域引水工程多水库联合供水优化调度 [J]. 水利学报，1990（12）：1 – 8.

[18] 沈佩君，邵东国，郭元裕. 南水北调东线工程优化规划混合模拟模型研究 [J]. 武汉水利电力学院学报，1991，24（4）：395 – 402.

[19] 沈佩君，邵东国，郭元裕. 跨流域调水工程优化规划混合模拟模型研究 [J]. 系统工程学报，1992，7（2）：43 – 52.

[20] 郭元裕，邵东国，沈佩君. 南水北调工程规划调度决策模型研究 [J]. 武汉水利电力大学学报，1994，27（6）：609 – 615.

[21] 邵东国. 跨流域调水工程优化决策模型研究 [J]. 武汉水利电力大学学报，1994，27（5）：500 – 505.

[22] 沈佩君，邵东国，郭元裕. 国内外跨流域调水工程建设的现状与前景 [J]. 武汉水利电力大学学报，1995，28（5）：463 – 469.

[23] 卢华友，沈佩君，邵东国，等. 跨流域调水工程实时优化调度模型研究 [J]. 武汉水利电力大学学报，1997（5）：11 – 15.

[24] 王劲峰，刘昌明，于静洁，等. 区际调水时空优化配置理论模型探讨 [J]. 水利学报，2001（4）：7 – 14.

[25] 赵勇，朱悦，解建仓，等. 南水北调东线水量调配研究 [J]. 西安理工大学学报，2002a，18（3）：238 – 243.

[26] 赵勇，谢建仓，马斌. 基于系统仿真理论的南水北调东线水量调度 [J]. 水利学报，2002b（11）：38 – 43.

[27] 冯耀龙，练继建，王宏江，等. 用水资源承载力分析跨流域调水的

合理性 [J]. 天津大学学报，2004，37（7）：595－599.

[28] 游进军，王忠静，甘泓，等. 两阶段补偿式跨流域调水配置算法及应用 [J]. 水利学报，2008，39（7）：870－876.

[29] 江燕，刘昌明，胡铁松，等. 多水库联合调水工程的规模优选 [J]. 北京师范大学学报（自然科学版），2009a，45（5/6）：585－589.

[30] 王国利，梁国华，曹小磊，等. 基于协商对策的群决策模型及其在跨流域调水方案优选中的应用 [J]. 水利学报，2010，41（5）：624－629.

[31] 郭旭宁，胡铁松，吕一兵，等. 跨流域供水水库群联合调度规则研究 [J]. 水利学报，2012，43（7）：757－766.

[32] 欧阳硕，周建中，周超，等. 金沙江下游梯级与三峡梯级枢纽联合蓄放水调度研究 [J]. 水利学报，2013，44（4）：435－443.

[33] Yeh，W－G W. Reservoir management and operations models：A state－of－the－art review [J]. Water Resources Research，1985，21（12）：1797－1818.

[34] Rani D，Moreira M. Simulation optimization modeling：A survey and potential application in reservoir systems operation [J]. Water Resources Management，2010（24）：1107－1138.

[35] 尹正杰，胡铁松，吴运清. 基于多目标遗传算法的综合利用水库优化调度图求解 [J]. 武汉大学学报（工学版），2005，38（6）：40－44.

[36] Chaleeraktrakoon C，Kangrang A. Dynamic programming based approach for searching rule curves across multi－reservoir systems [C]. Role of Water Sciences in Transboudary River Basin Management，Thailand，2005.

[37] Chang F J，Chen L，Chang L C. Optimizing the reservoir operating rule curves by genetic algorithms [J]. Hydrological Processes，2005（19）：2277－2289.

[38] Hormwichian R，Kangrang A，Lamom A. A conditional genetic algorithm model for searching optimal reservoir rule curves [J]. Journal of Applied Sciences，2009，9（19）：3575－3580.

[39] Yin X N，Yang Z F，Yang W，et al. Optimized reservoir operation to balance human and riverine ecosystem needs：model development，and a case study for the Tanghe reservoir，Tanghe river basin，China [J]. Hydrological Processes，2010（24）：

461 – 471.

[40] Chang F J, Lai J S, Kao L S. Optimization of operation rule curves and flushing schedule in a reservoir [J]. Hydrological Processes, 2003, 17: 1623 – 1640.

[41] 杨盈, 陈贺, 于世伟, 等. 基于改进调度图的西大洋水库综合调度研究 [J]. 水力发电学报, 2012, 31 (4): 139 – 144, 161.

[42] Chang L C, Chang F J. Multi – objective evolutionary algorithm for operating parallel reservoir system [J]. Journal of Hydrology, 2009, 377 (1 – 2): 12 – 20.

[43] 吴铭汉. 长沙坝-葫芦口灌溉梯级水库最优联合运行方式 [J]. 成都科技大学学报, 1986 (1): 105 – 112.

[44] 李智录, 施丽贞, 孙世金, 等. 用逐步计算法编制以灌溉为主水库群的常规调度图 [J]. 水利学报, 1993, 5: 44 – 47.

[45] 廖松. 密云水库与官厅水库联合调度方案的模拟分析 [J]. 水文, 1984 (4): 15 – 19, 9.

[46] 郭旭宁, 胡铁松, 黄兵, 等. 基于模拟—优化模式的供水水库群联合调度规则研究 [J]. 水利学报, 2011, 42 (6): 705 – 712.

[47] Nalbantis I, Koutsoyiannis D. A parametric rule for planning and management of multiple – reservoir systems [J]. Water Resources Research, 1997, 33 (9): 2165 – 2177.

[48] 郭旭宁, 胡铁松, 曾祥, 等. 基于二维调度图的双库联合供水调度规则研究 [J]. 华中科技大学学报 (自然科学版), 2011, 39 (10): 121 – 124.

[49] 郭旭宁, 胡铁松, 李新杰, 等. 配合变动分水系数的二维水库调度图研究 [J]. 水力发电学报, 2013, 32 (6): 57 – 63.

[50] 周研来, 梅亚东, 杨立峰, 等. 大渡河梯级水库群联合优化调度函数研究 [J]. 水力发电学报, 2012, 31 (4): 78 – 82.

[51] 马细霞, 贺北方, 马竹青, 等. 综合利用水库最优调度函数研究 [J]. 郑州工学院学报, 1995, 16 (3): 17 – 21.

[52] 卢华友, 郭元裕. 利用多层递阶回归分析制定水库优化调度函数的研究 [J]. 水利学报, 1998, 12: 71 – 76.

[53] 胡铁松, 万永华, 冯尚友. 水库群优化调度函数的人工神经网络方法研究 [J]. 水科学进展, 1995, 6 (1): 53 – 60.

[54] 赵基花, 付永锋, 沈冰, 等. 建立水库优化调度函数的人工神经网络方法研究 [J]. 水电能源科学, 2005, 23 (2): 28 – 31.

[55] Wang Y M, Chang J X, Huang Q. Simulation with RBF neural net-

work model for reservoir operation rules [J]. Hydrological Processes. 2010 (24)：2597 – 2610.

[56] Karamouz M，Ahmadi A，Moridi A. Probabilistic reservoir operation using Bayesian stochastic model and support vector machine [J]. Advances in Water Resources. 2009 (32)：1588 – 1600.

[57] Mehta R，Jain S K. Optimal operation of a multi – purpose reservoir using neuro – fuzzy technique [J]. Water Resources Management，2009 (23)：509 – 529.

[58] 裘杏莲，汪同庆，戴国瑞. 调度函数与分区控制规则相结合的优化调度模式研究 [J]. 武汉水利电力大学学报，1994，27 (4)：382 – 387.

[59] 雷晓云，陈惠源，荣航义，等. 水库群多级保证率优化调度函数的研究及应用 [J]. 灌溉排水，1996，15 (2)：14 – 18.

[60] Oliveira R，Loucks D P. Operating rules for multi – reservoir systems [J]. Water Resources Research，1997，33 (4)：839 – 852.

[61] Nalbantis I，Koutsoyiannis D. A parametric rule for planning and management of multiple – reservoir systems [J]. Water Resources Research，1997，33 (9)：2165 – 2177.

[62] Lund J R，Guzman J. Some derived operating rules for reservoirs in series or in parallel [J]. Journal of Water Resources Planning and Management，1999，125 (3)：143 – 153.

[63] 郭旭宁，胡铁松，方洪斌，等. 水库群联合供水调度规则形式研究进展 [J]. 水力发电学报，2015，34 (1)：23 – 28.

[64] Wurbs R A. Reservoir – System Simulation and Optimization Models [J]. Journal of Water Resources Planning and Management. 1993，119 (4)：455 – 472.

[65] Palmer R N，Wright J R，Smith J A，et al. Policy Analysis of Reservoir Operation in the Potomac River Basin，volume I，Executive Summary [M]. Johns Hopkins University，Baltimore，Md，1980.

[66] Schuster R J. Colorado River Simulation System，Executive Summary [M]. U. S. Bureau of Reclamation，Engineering and Research Center，Denver，Colo，1987.

[67] Mays L W，Tung Y K. Hydrosystems Engineering and Management [M]. McGraw – Hill Book Co.，Inc.，New York，N. Y.，1992.

[68] Simonovic S P. Reservoir Systems Analysis Closing Gap between Theory and Practice [J]. Journal of Water Resources Planning and

Management. 1992, 118 (3): 262 - 280.

[69] Tu M Y, Hsu N S, Tsai F T - C, et al. Optimization of Hedging Rules for Reservoir Operations [J]. Journal of Water Resources Planning and Management. 2008, 134 (1): 3 - 13.

[70] Hall W A, Tauxe G W, Yeh, W - G W. An Alternative Procedure for the Optimization of Operations for Planning with Multiple River, Multiple Purpose Systems [J]. Water Resources Research, 1969, 5 (6): 1367 - 1372.

[71] Trott W M, Yeh, W - G W. Multi - level Optimization of A Reservoir System [C]. The Annual and National Environmental Engineering Meeting, Am. Soc. Civ. Eng. , St. Louis, Mo. , Oct. 18 - 21, 1971.

[72] Heidari M, Chow V T, Kokotovic P V, et al. Discrete Differential Dynamic Programming Approach to Water Resources System Optimization [J]. Water Resources Research, 1971, 7 (2): 273 -283.

[73] Lund J, Ferreira I. Operating Rule Optimization for Missouri River Reservoir System [J]. Journal of Water Resources Planning and Management, 1996, 122 (4): 287 - 295.

[74] Hsu N S, Cheng K W. Network Flow Optimization Model for Basin - scale Water Supply Planning [J]. Journal of Water Resources Planning and Management, 2002, 128 (2), 102 - 112.

[75] Tung C P, Hsu S Y, Liu C M, et al. Application of the Genetic Algorithm for Optimizing Operation Rules of the LiYuTan Reservoir in Taiwan [J]. Journal of the American Water Resources Association, 2003, 39 (3): 649 - 657.

[76] Reis L F R, Bessler F T, Walters G A, et al. Water Supply Reservoir Operation by Combined Genetic Algorithm - Linear Programming (GA - LP) Approach [J]. Water Resources Management, 2006 (20): 227 - 255.

[77] Chen L, Chang F J. Applying a Real - coded Multi - population Genetic Algorithm to Multi - reservoir Operation [J]. Hydrological Processes, 2007, 21 (5): 688 - 698.

[78] Dariane A B, Momtahen S. Optimization of Multireservoir Systems Operation Using Modified Direct Search Genetic Algorithm [J]. Journal of Water Resources Planning and Management, 2009, 135 (3): 141 - 148.

［79］ Chang L C，Chang F J，Wang K W，et al. Constrained Genetic Algorithms for Optimizing Multi‐use Reservoir Operation ［J］. Journal of Hydrology，2010，390：66‐74.

［80］ 钟登华，熊开智，成立芹. 遗传算法的改进及其在水库优化调度中的应用研究 ［J］. 中国工程科学，2003，5（9）：22‐25.

［81］ Raman H，Chandramouli V. Deriving a General Operating Policy for Reservoirs Using Neural Network ［J］. Journal of Water Resources Planning and Management，1996，122（5）：342‐347.

［82］ Cancelliere A，Giuliano G，Ancarani A，et al. A Neural Networks Approach for Deriving Irrigation Reservoir ［J］. Water Resources Management，2002，16：71‐88.

［83］ 胡铁松，万永华，冯尚友. 水库群优化调度函数的人工神经网络方法研究 ［J］. 水科学进展，1995，6（1）：53‐60.

［84］ 畅建霞，黄强，王义民. 西安市水库群优化调度函数的神经网络求解方法 ［J］. 水电能源科学，2000（18）：9‐11.

［85］ Guo X N，Hu T S，Zeng X，et al. Extension of Parametric Rule with Hedging Rule for Managing Multi‐reservoir System during Droughts ［J］. Journal of Water Resources Planning and Management，2013，139（2）：139‐148.

［86］ Reddy M J，Kumar D N. Multi‐objective Particle Swarm Optimization for Generating Optimal Trade‐offs in Reservoir Operation ［J］. Hydrological Processes，2007（21）：2897‐2909.

［87］ Balter A M，Fontane D G. Use of Multiobjective Particle Swarm Optimization in Water Resources Management ［J］. Journal of Water Resources Planning and Management，2008，134（3）：257‐265.

［88］ Guo X N，Hu T S，Wu C L，et al. Multi‐objective Optimization of the Proposed Multi‐reservoir Operating Policy for Water Supply Using Improved NSPSO ［J］. Water Resources Management，2013，27（7）：2137‐2153.

［89］ Kumar D N，Reddy M J. Ant Colony Optimization for Multi‐Purpose Reservoir Operation ［J］. Water Resources Management，2006，20（6）：879‐898.

［90］ Jalali M R，Afshar A，Marino M A. Multi‐colony Ant Algorithm for Continuous Multi‐reservoir Operation Optimization Problem ［J］. Water Resources Management，2007，21（9）：1429‐1447.

［91］ Teegavarapu R V，Simonovic S. Optimal Operation of Reservoir Systems Using Simulated Annealing ［J］. Water Resources Management，2002，16（5）：401－428.

［92］ Georgiou P E，Papamichail D M. Vougioukas. Optimal Irrigation Reservoir Operation and Simultaneous Multi－crop Cultivation Area Selection Using Simulated Annealing ［J］. Irrigation and Drainage，2006，55：129－144.

［93］ Neelakantan T R，Pundarikanthan N V. Neural Network－Based Simulation－Optimization Model for Reservoir Operation ［J］. Journal of Water Resources Planning and Management，2000，126（2）：57－64.

［94］ Suiadee W，Tingsanchali T. A Combined Simulation－genetic Algorithm Optimization Model for Optimal Rule Curves of a Reservoir a Case Study of the Nam On Irrigation Project，Thailand ［J］. Hydrological Processes. 2007，21：3211－3225.

［95］ Sulis A. GRID Computing Approach for Multireservoir Operating Rules with Uncertainty ［J］. Environmental Modelling & Software，2009，24：859－864.

［96］ Kangrang A，Compliew S，Chaiyapoom W. Heuristic Algorithm with Simulation Model for Searching Optimal Reservoir Rule Curves ［J］. American Journal of Applied Sciences. 2009，6（2）：263－267.

［97］ Afshar M H. Large Scale Reservoir Operation by Constrained Particle Swarm Optimization Algorithms ［J］. Journal of Hydro－environment Research，2012，6：75－87.

［98］ Ostadrahimi L，Marino M A，Afshar A. Multi－reservoir Operation Rules Multi－swarm PSO－based Optimization Approach ［J］. Water Resources Management，2012，26：407－427.

［99］ 张建云，陈洁云. 南水北调东线工程优化调度研究 ［J］. 水科学进展，1995，6（3）：198－204.

［100］ 尹正杰，王小林，胡铁松，等. 基于数据挖掘的水库供水调度规则提取 ［J］. 系统工程理论与实践，2006（8）：129－135.

［101］ Cheng C C，Hsu N S，Wei C C. Decision－tree Analysis on Optimal Release of Reservoir Storage under Typhoon Warnings ［J］. Natural Hazards，2008，44：65－84.

［102］ 张弛，周惠成，王本德. 决策树技术在水库兴利调度中的应用研

究［J］. 哈尔滨工业大学学报，2007，39（8）：1314－1318.

[103] 习树峰，彭勇，梁国华，等. 基于决策树方法的水库跨流域引水调度规则研究［J］. 大连理工大学学报，2012，52（1）：74－78.

[104] 郭旭宁，胡铁松，张涛，等. 基于集对分析的供水水库群联合调度规则［J］. 系统工程理论与实践，2014，34（6）：1510－1516.

[105] 曾祥，胡铁松，郭旭宁，等. 跨流域供水水库群调水启动标准研究［J］. 水利学报，2013（3）：253－261.

[106] 彭安邦，彭勇，周惠成. 跨流域调水条件下水库群联合调度图的并行计算研究［J］. 水利学报，2014，45（11）：1284－1292.

[107] 王文圣，李跃清，金菊良，等. 水文水资源集对分析［M］. 北京：科学出版社，2010.

[108] 吴开亚，金菊良，潘争伟. 基于三角模糊数截集的联系数模型在城市涝灾影响等级评价中的应用［J］. 水利学报，2010，41（6）：711－719.

[109] 丁晶. 水文水资源中不确定性分析研究的若干进展［C］//全国水文计算进展和展望学术讨论会论文选集. 南京：河海大学出版社，1998：17－24.

[110] 王文圣，李跃清，金菊良. 基于集对原理的水文相关分析［J］. 四川大学学报（工程科学版），2009，41（2）：1－5.

[111] 贺瑞敏，张建云，王国庆，等. 基于集对分析的广义水环境承载能力评价［J］. 水科学进展，2007，18（5）：730－735.

[112] 金菊良，吴开亚，魏一鸣. 基于联系数的流域水安全评价模型［J］. 水利学报，2008，39（4）：401－409.

[113] 金菊良，魏一鸣，王文圣. 基于集对分析的水资源变化趋势的相似预测模型［J］. 水力发电学报，2009，28（1）：72－77.

[114] 尹正杰，胡铁松，崔远来，等. 水库多目标供水调度规则研究［J］. 水科学进展，2005，16（6）：875－880.

[115] 杨春霞. 大伙房跨流域引水工程优化调度方案研究［D］. 大连：大连理工大学，2007.

[116] 刘子龙. 水库确定性优化调度动态规划法模型及应用［J］. 人民长江，1999，30（10）：46.

[117] 郭旭宁，胡铁松，曾祥，等. 基于调度规则的水库群供水能力与风险分析［J］. 水利学报，2013（6）：664－672.

[118] 武斌，任海霞. 基于粒子群算法的水库优化调度模型［J］. 东北水利水电，2007（5）：43－45.

[119] 刘新，纪昌明，杨子俊，等. 基于逐步优化算法的梯级水电站中

长期优化调度 [J]. 人民长江，2010 (21)：32-34.

[120] 钟平安，王会容，刘静楠，等. 深圳市水资源系统优化调度模型研究 [J]. 河海大学学报（自然科学版），2003 (6)：616-620.

[121] 张皓天. 受水区供水水库（群）优化调度方法研究及应用 [D]. 大连：大连理工大学，2013.

[122] 郝永怀，杨侃，程卓，等. 调水量合理分配指标体系的建立及其应用 [J]. 水电能源科学，2011 (3)：13-15.

[123] 郑云鹤. 跨流域补偿调节的马氏决策模型 [J]. 海河水利，1984 (2)：5-15.

[124] 王旭，郭旭宁，雷晓辉，等. 基于可行空间搜索遗传算法的梯级水库群调度规则研究 [J]. 南水北调与水利科技，2014 (4).

[125] Yuhui S, Eberhart R C. Empirical study of particle swarm optimization [C]. Washington, DC：1999.

[126] 王先甲，冯尚友. 二层系统最优化理论 [M]. 北京：科学出版社，1995.

[127] Athanasios Migdalas. Bi-level programming in traffic planning：models, methods and challenge [J]. Journal of Global Optimization, 1995 (7)：381-405.

[128] 四兵锋，高自友. 合理制定铁路客票价格的优化模型及算法 [J]. 管理科学学报，2001，4 (2)：45-51.

[129] 王先甲，关洪林. 灌溉系统最优规划的二层动态规划模型 [J]. 水电能源科学，1995，13 (1)：1-10.

[130] 吕一兵，万仲平，胡铁松，等. 水资源优化配置的双层规划模型 [J]. 系统工程理论与实践，2009，29 (6)：115-120.

[131] 江燕，胡铁松，刘昌明，等. 基于二层规划理论的水文模型参数识别研究 [J]. 中国农村水利水电，2009 (9)：45-48，51.

[132] Jiang Yan, Hu Tiesong, Huang Chongchao, et al. An improved particle swarm optimization algorithm [J]. Applied Mathematics and Computation, 2007 (193)：231-239.

[133] Hsu S K. Shortage indices for water-resources planning in Taiwan [J]. Journal of Water Resources Planning and Management, 1995, 121 (2)：119-131.